TOFU SALAD WITH BLACK
SESAME CREAMED DRESSING

BAKED FISH FILET BURGER

BABY DUCK RICE BALL WITH
CREAMED CORN SAUCE

OCTOPUS TOMATO FUSILLI
WITH CRUMBS

一个人也能吃好
——MASA的啰嗦叮咛

【加】MASA（山下胜）著

DELICIOUS FOOD
KITCHEN
★ ★ ★

ASSORTED SEAFOOD RISOTTO
WITH TOMATO SAUCE

APPLE & KIWI WHITE WINE
JELLY

JAPANESE CAESAR SALAD
WITH DEEP FRIED TOFU

WHITE BAIT FISH WITH
MOMIJI OROSHI TOPPING

光明日报出版社

与 **食材、调味料** 好好相处

　　这本食谱最重要的主题是每种食材的充分应用，把一种食材依类别使用在各式各样的食谱中。因为我自己在家里常会煮分量少的食物，所以对这本书的主题很有亲切感。

　　料理内容与之前的书一样维持着"MASA的风格"，并介绍许多日式融合西洋的严选料理。每个章节都设定不同的主题，如万能酱汁的做法与活用、一次大量制作分次使用的保存型料理、5分钟可以做出来的简单料理、空闲时可以多花点时间准备的豪华套餐料理等，还有很受欢迎的三明治轻食食谱的续篇，以及在日本非常流行的甜点食谱等。由于是小分量的食谱，所以料理时非常有弹性，不管是一个人生活的学生或上班族，还是小家庭等都非常适合，当然大家庭也没问题，只要增加分量一样可以做出美味的料理。

　　这次摄影的重点是木制品（自然风）的使用与组合，所以为了拍摄出木头的质感，我自己也涂鸦了许多木板作为背景板。搭配不同木头的颜色，让料理更具有吸引力，也希望大家会喜欢。

由于越来越多的人开始注意食材的安全与健康，所以我认为最重要的是与食材、调味料好好相处，并充分了解它们。有许多现成的食材、调味料也很好用，使用这些可以节省许多时间，让你有充裕的时间好好休息或与家人相处。也可以找一个周末，花一整天的时间，慢慢处理食材制作料理，进而提升自己的饮食生活品质。

最后，非常感谢每次活动都来帮忙的小丁、秀珊、Mavis与Linda，还有拍摄封面时到现场帮忙的造型师Pingi，以及可以让我在厨房里放松并专心工作的Lydia。当然，还有各位读者热情的鼓励与支持我才能走到现在，真的非常感谢大家！

希望通过这本书，可以让大家更能享受在厨房里快乐与幸福的料理时光！♪

⑥ 本道料理材料表中所做出来的分量。如果你买的食材一次用不完，可以参考书后的索引做成其他料理。

① 每道料理的中文名称。

② 每道料理的英文名称。

③ MASA独有的料理笔记，记录设计这道料理的初衷。若出现日本语的汉字时，会用" "表现。

④ 每道料理赏心悦目的完成图。

⑤ 材料一览表，正确的分量是成功的基础。

• 可以大量制作的小菜

柴鱼酱油 (渍)
鸿禧菇 & 甜椒沙拉

SOBA SAUCE MARINATED MUSHROOMS & BELL PEPPERS

- 分量　**2** 人份
- 烹调时间　**10** 分钟
- 难易度　★★☆
- 便当入菜　[Yes]

如果想做大量可以保存久一点的前菜，我会建议做成腌渍类，因为这种料理放越久越入味。日本料理也有类似的食物，叫做"渍物"（つけもの，Tsukemono），但日本的渍物有一点咸，不能算是前菜，只能说是配饭的食物。这次我要介绍的是日式和西洋混合的料理！腌渍的部分用的是柴鱼酱油，它的味道非常适合做这种腌渍物，不会很咸，还有丰富的柴鱼风味。另外我还加了黄芥末籽酱，它的微辣和酸味与酱油很搭配。至于蔬菜，我选择即使腌很久也可以保持口感和色泽的甜椒和鸿禧菇。做法非常简单，一次可以多做一点冰起来，随时拿出来装盘，就可以多一种漂亮的彩色！

材料
Ingredients

红甜椒 RED BELL PEPPER —1/2个
黄甜椒 YELLOW BELL PEPPER —1/2个
鸿禧菇 SHIMEJI MUSHROOMS —1包
柴鱼酱油 SOBA TSUTU —3大匙
黄芥末籽酱 DIJON MUSTARD —2小匙
香菜 CILANTRO —适量

90

⑦ 制作此道料理的"烹调时间"。基本上不包括腌制时间。

⑧ 制作此道料理的"难易度"。★越多，表示难度越大；★越少，表示越容易上手。

⑨ 此道料理可否"便当入菜"。YES表示"适合"，NO表示"不适合"。

1 把甜椒的蒂和籽去除。

2 里面白色的部分切掉。

3 切成容易入口的大小。

4 鸿禧菇的根部切掉。

⑩ 制作分解图，方便读者对照图示进行操作。

⑪ 详细的步骤解说，让读者在操作过程中更容易掌握重点。

5 用手撕散。

6 甜椒放入沸水中烫1~2分钟。

7 捞出来冷却。

8 鸿禧菇也同样烫一下（1~2分钟）。

小贴士 加热的时间根据自己想要的口感调整，如果喜欢软一点的，可以煮久一点！

⑫ 操作过程中的秘诀，有MASA贴心的小叮咛。

9 烫好后，放入网筛里放凉。

小贴士 菇类不要放入冰水里冷却哦！它与海绵一样容易吸收水分，烫好后立即放入网筛里，蒸发掉多余的水分，待冷却。

10 调味料的部分超级简单！只要将柴鱼酱油和黄芥末籽酱混合均匀就好了！

小贴士 黄芥末籽酱可以代替白醋的酸味，如果没有黄芥末籽酱，也可以加入一点柠檬汁！

11 放入冷却的蔬菜拌匀。

12 放入喜欢的香草类，这次我加入了切末的香菜。

⑬ MASA对这道料理最后的补充说明。

MASA的料理手帖
—— Tips ——

这种凉拌菜可以放3~4天，让味道充分渗入蔬菜里！如果做很多，可以放入保鲜盒里，再放进冰箱冷藏保存。放在生菜上制作沙拉，或放在嫩豆腐、芙蓉豆腐上面做成前菜也很好吃！

91

CONTENTS | 目　录

★★★★ PART 1 　只要准备好万用酱汁**就可以做出美味**㊉**料理**

★★★★
PART 2 简单就可以做好的各式各样小菜

★★★★ PART 3 只要一盘或一碗就可以满足的**面饭料理**

★★★★ PART 4 可搭配米饭或组成套餐的**单品料理**

西式风味！三文鱼西兰花的美味组合

丰富华丽！酥脆鸡腿烤土豆南法海鲜汤组合

★★★★
PART 5 疗愈心灵的各式美味甜点

★★★★
PART 6 方便又好吃的(的)轻食料理

特别收录 —— [上班族必学的人气料理]

MASA 的贴心小叮咛

1. 每道菜的右上角有4个图示，分别为：
- **分量**：如1人份、2人份等。　　●**烹调时间**：基本上不包括腌制时间。
- **难易度**：★越多，难度越高。
- **便当入菜**：YES表示"可以当做便当菜"，NO表示"不建议当做便当菜"。

2. 本书材料重量与容量换算表：
- **1公斤**=1000g　　　　　　●**1杯**=240mL=16大匙
- **1大匙**=15mL　　　　　　●**1小匙**=5mL

3. 调味料的品牌不同，咸度不一样，建议参考书上的比例，调整出自己喜欢的口味。

基本技巧与食材处理 | 前言

制作料理时最怕的就是做得太多，一次吃不完，又不知道怎么处理。以下有MASA独特的基本技巧与食材处理方法，教你充分应用食材，以及不会造成浪费的保存方法。

高汤的制作与保存

材料 水 Water——1000mL 　柴鱼片 Shredded bonito——20g
海带 Sea kelp——10g

1 将水倒入锅子里，放入干海带，泡30分钟以上。

＊如果早上做，前一天泡在锅子里也可以。

2 准备柴鱼片包。做法很简单，把柴鱼片塞进茶包里。

＊茶包在超市可以买到。

3 多准备几包，放在保鲜盒里保存，使用很方便。

4 泡海带的锅子开小火，煮约10分钟，把海带捞出来。

＊海带煮得太久，煮出黏液，颜色会变得混浊。

5 放入柴鱼片包，再煮2~3分钟。

＊如果没有茶包也没关系！按照熬高汤的方式，把柴鱼片直接放入，煮好后过滤就好了！

6 煮好后，取出柴鱼包，把袋子里的汤挤干净。

7 高汤怎么保存？如果几天以内可以用完，直接放在冰箱冷藏就好了；如果要放久一点，可以装在冰盒里，放进冷冻室。

8 将冷冻好的高汤冰块装入密封袋，再放进冰箱冷冻室，可存放3~4星期。

＊下次做味噌汤、玉子烧、煮物、腌汁或蘸汁等时，都可以放进去！

如何煮意大利面与保存

1 准备一锅水，沸腾后放入盐。

＊盐的分量约为水量的1%，如果用2000mL水，至少要加入20g的盐。

2 放入意大利面。先把意大利面扭转一下。

3 把火关小，把面放入锅子里。

4 很多人的做法是，面接触水后马上松手，结果面还没入水的部分容易被火烧焦。所以，将面放入锅子后要继续压下去。

＊注意！在沸水中操作容易烫到手，因此要将火调小，先熄火也可以。

5 像图片这样压下去。

6 松开手！看！呈放射状均匀散开，面也不会掉到锅子外面！

7 转中火，搅拌确认没有粘黏。煮的时间可以参考包装上的建议时间，再减大概2分钟。例如，建议时间是10分钟，就将计时器设定8分钟。

8 如果意大利面煮多了怎么办？很简单！冷却后，淋一点橄榄油，按1人份的分量分别包起来。

9 包好后，放入保鲜盒，再放进冰箱冷藏保存。

＊如果早上没有时间煮面，前一晚做这样的准备工作会很方便！

欧芹的保存

1 为了装饰，买了一整盒欧芹，剩余的该怎么处理？如果不是常用，这里有个保存的好方法！

2 欧芹洗净后，把叶子撕下来。

3 放在纸巾上挤压，吸收多余的水分。

4 放入密封袋里，再放入冰箱冷冻。

5 冻结的欧芹连同袋子揉搓，就可以搓碎。

＊如果先切末再冷冻，欧芹的汁容易结块。

6 看！漂亮的绿色欧芹末！放入炒饭、意大利面或汤中都很美味！

＊可以冷冻保存2～3星期。袋子封起来时，要把里面的空气挤出来，避免氧化。

豆腐的处理与保存

1 打开豆腐包装盒，如果只用1/2盒，将刀子从中间切进去。

＊注意！只切豆腐，不要切到盒子哦！

2 将半块豆腐倒出来，切成需要的形状即可。

3 那剩余的一半豆腐该怎么保存呢？往盒子里加入干净的水。

4 用保鲜膜覆盖，放入冰箱冷藏室保存，可以再放1～2天。

＊剩余的可以放入味噌汤，或参考书后的索引，制作其他的豆腐料理。

秋葵的处理与保存

1 把秋葵的蒂像削铅笔一样削好。

＊蒂的部位含有很多营养素，最好保留。

2 也可以用削皮刀处理。

3 在秋葵表面撒一点盐，滚一滚，去除细毛。

4 放入沸水里烫30秒左右。

5 捞出来，放入冰水中冷却，即可使用。

6 若秋葵买了一整盒，用不完就开始变黑怎么办？Don't worry!（别担心！）只要把剩余的秋葵依照步骤1~5的方式处理好，用纸巾或纱布擦干净，去掉多余的水分。

＊表面若有太多水分，冷冻时会粘在一起不容易分开。

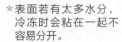

7 放入密封袋，再放进冰箱冷冻室保存，可以存放2~3星期。

＊使用前，在室温下解冻，就可以放入味噌汤、意大利面中烹煮。

＊本书出现很多次，很快就会用完了! ~♪

墨鱼的处理与保存

1 买了一整只墨鱼不知道该怎么处理吗？别担心，让我来示范怎么做。把墨鱼的身体和脚轻轻分开，连骨头一起拉出来。

2 将三角形的部分撕下来。

3 将皮撕下来。

4 将要用的部分切下来即可。如果用了1/4,剩余的3/4可以保存起来下次再用。

5 如何保存呢? 将剩余的墨鱼用保鲜膜依部位分开包起来。

6 放入密封袋,再放进冰箱冷冻室保存。

＊使用的时候,用水泡至解冻即可。

明太子的处理与保存

1 明太子是鳕鱼卵用调味料(包括辣椒)泡制而成,可以在进口食品的超市冷藏区或冷冻区找到。它的味道很特别,可以直接配饭吃,也可以做成很多料理!

2 表面有薄皮,有的料理只用到里面的卵,怎么去掉皮呢? 先在砧板上铺一张锡箔纸,再放上明太子,用刀子在中间划开。

＊明太子的腌酱味道和颜色很容易残留在砧板上,下面铺一张纸比较容易处理!

3 用刮刀把里面的卵刮出来。

4 看! 这个就是明太子的皮,可以丢掉。

6 把锡箔纸折起来,直接放进冰箱冷冻室,可以存放1~2星期! 使用时,用刮刀或汤匙挖取即可。

＊它的用途广泛,直接放入意大利面、炒饭或稀饭里都很好吃。

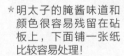

5 剩余的明太子也用同样的方式,在同一张锡箔纸上处理好后,集中在中间。

PART 1

只要准备好万用酱汁
就可以做出美味的料理

酱汁与酱料是掌厨人的好帮手，只要事先调制好，就可以把平凡的家常菜变身成五星级料理，魔力无限，妙用无穷。如果可以调制出属于自己独特风格的酱汁，你就是厨房里的魔术师！

★ ★ ★ ★

苹果 & 胡萝卜
和风蔬果酱

- 分量 **400** mL
- 烹调时间 **5** 分钟
- 难易度 ★ ☆ ☆ ☆
- 便当入菜 Yes

APPLE & CARROT FRUITY ORIENTAL DRESSING

首先来介绍健康美味的沙拉酱！平常做沙拉酱时，会把醋和油一起搅拌，让材料乳化产生稠度。这次介绍的酱汁，只用到少量的油，而且添加了蔬菜和苹果。苹果不仅可以做成甜点，也可以加入许多料理中，自然的水果甜味和胡萝卜本身的甜味都很适合做成沙拉酱。至于调味料部分，酱油和白醋虽然比较重口味，但可以和水果、蔬菜产生中和效果，所以会让这款沙拉酱变成很柔和的日式口味！不仅可以淋在沙拉上，还可以搭配许多不同的料理！接下来，我们就来看看这个水果味的和风沙拉酱是如何做出来的！

材料 Ingredients

胡萝卜 CARROT —160g
苹果 APPLE —180g（约1个）
姜 GINGER —10g
酱油 SOY SAUCE —1.5大匙
砂糖 SUGAR —1小匙
盐 SALT —1小匙
白醋 RICE VINEGAR —3大匙
伊薇橄榄油 E.V. OLIVE OIL —2大匙

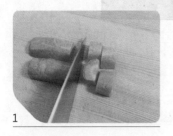

1

胡萝卜切成小块。

水果和蔬菜的皮含有很多营养素，可以不用削皮直接切。

2

苹果切掉中间的籽。

3

再切成小块。

4

姜的分量可以自己调整，加或不加都可以。

加入一点蒜末也很好。

5

切好的材料全部放入果汁机里。

6

加入所有的调味料。

7

打成泥后，倒出来尝味道，并进行调整。

酸味（白醋）和甜味（砂糖）的分量要根据蔬菜和水果本身的味道，搅打后再进行调整。

8

装在干净的瓶子里密封，放进冰箱可以冷藏保存1星期左右。

这款酱汁不仅可以淋在沙拉上，还可以搭配煎鱼类哦！

凉拌番茄 & 山药
佐 和风蔬果酱

TOMATO & JAPANESE YAM SALAD

- 分量 **1** 人份
- 烹调时间 **8** 分钟
- 难易度 ★☆☆☆
- 便当入菜 **Yes**

下面我要介绍"苹果&胡萝卜和风蔬果酱"的应用。这次我买了一些当季的蔬菜来凉拌，像秋葵、山药、海带芽、番茄等，都是日式凉拌菜常会用到的食材。调味的部分，通常会搭配以酱油为基底的酱汁，如将酱油与醋等混合。但是，如果你已经准备好"苹果&胡萝卜和风蔬果酱"，就不用再做酱汁了，只要和处理好的蔬菜拌匀就大功告成了！如果你平常不太习惯吃酸咸口味的凉拌菜，一定要试试这道料理。不但可以享受水果和蔬菜的微甜味，还可以摄取到很多纤维，既好吃又健康，一举两得！

材料 Ingredients

干海带芽 DRIED WAKAME —— 3g
水 WATER —— 20mL
山药 JAPANESE YAM —— 80g
牛番茄 TOMATO —— 1个
秋葵 OKURA —— 3或4支
苹果&胡萝卜和风蔬果酱
FRUITY ORIENTAL DRESSING —— 2大匙
白芝麻 WHITE SESAME —— 少许
盐、黑胡椒
SALT & BLACK PEPPER —— 各适量
（可以不加）

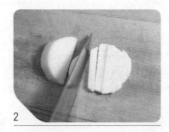

1

干海带芽用水泡发。

2

山药切成条状。

3

牛番茄切成小块。

4

将处理过的秋葵切成小块。（秋葵的处理参考P.14。）

5

泡好的海带芽挤出多余的水分。

6

将处理好的海带芽、山药、秋葵和牛番茄放入碗里。

7

加入苹果&胡萝卜和风酱，以及白芝麻。

8

拌匀后尝一下味道，如果需要，加入盐和黑胡椒调味。

猪肉沙拉
(佐) 和风蔬果酱

- 分量 **1** 人份
- 烹调时间 **10** 分钟
- 难易度 ★☆☆☆
- 便当入菜 Yes

PORK SHABU-SHABU SALAD

沙拉不仅可以与蔬菜搭配，还可以加入含有蛋白质的食材中，如鸡肉、猪肉、牛肉等都很适合。这次我买到很漂亮的五花肉片，想做一道简单又有满足感的料理。酱汁呢？当然可以搭配"苹果&胡萝卜和风蔬果酱"。直接淋上去就可以，但我想将这款酱汁再做一点变化！如果你很喜欢蛋黄酱但又很怕热量，我来帮你想一个解决办法！只要在和风蔬果酱里加入一点蛋黄酱，就可以享受奶香味十足但清爽健康的肉沙拉了！接下来就让我们制作自己喜欢的口味吧！

材料 Ingredients

紫洋葱 RED ONION —— 1/8个

水菜 MIZUNA —— 1把

圣女果 MINI TOMATOES —— 3或4个

五花肉片 SLICED PORK BELLY —— **80g**

清酒 SAKE —— 少许

苹果&胡萝卜和风蔬果酱
FRUITY ORIENTAL DRESSING —— 2大匙

蛋黄酱 MAYONNAISE —— 1大匙

盐、黑胡椒
SALT & BLACK PEPPER —— 各适量

欧芹（切末）
PARSLEY CILANTRO —— 1/2小匙

1

紫洋葱沿逆纹切成薄片。

小贴士 逆纹是为了将纤维切断，泡水时比较容易洗掉洋葱的刺激味。

2

在水里浸泡约10分钟。

3

水菜洗净，切成段。

小贴士 可以用莴苣、萝蔓等其他青菜代替！

4

圣女果洗净，切成小块。

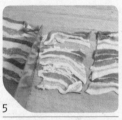

5

五花肉片切成2或3片。

6

水煮沸后加入一点清酒。

小贴士 加入清酒可以去除猪肉的腥味。

7

放入切好的猪肉。

8

用筷子搅散。

9

变色后捞出，放在网筛里晾凉。

小贴士 若放入冰水中，肉片湿掉不容易粘裹酱汁，因此要静置放凉。

10

在"苹果＆胡萝卜和风蔬果酱"里加入蛋黄酱。

小贴士 蛋黄酱和"苹果＆胡萝卜和风蔬果酱"的比例可以自己调整。

11

加点盐和黑胡椒，也可加入一点欧芹末，多一种颜色更漂亮！

12

如果想要辛辣的味道，可以加入一点辣椒粉。最后将食材装盘，淋上酱汁。

和风洋葱红酒酱

- 分量　　　**500** g
- 烹调时间　**35** 分钟
- 难易度　　★★☆☆☆
- 便当入菜　Yes

SOY SAUCED ONION & RED WINE SAUCE

洋葱是我常用的食材之一，大家应该知道洋葱的健康功效吧！简单说，就是洋葱生吃可以降低血糖值，所以非常适合做成沙拉类食用；如果加热后食用，可以降低胆固醇，并防止高脂肪饮食所引起的血脂升高，对健康很有帮助。加热的方式很多，而且洋葱加热时间越久，甜味释放得也越多，这次介绍的酱汁就是充分利用了它的特色。另外，我还加入了红酒一起烹煮，不仅有益健康，味道也更丰富！这款酱汁放在冰箱里冷藏保存，可以存放很久，一次多做一点，分次取用也很方便哦！

洋葱 ONION —350g（约2个）
红酒 RED WINE —150mL
酱油 SOY SAUCE —50mL
味醂 MIRIN —80～100mL

1

洋葱切成丁。

2

放入果汁机里。

 用调理机也可以!

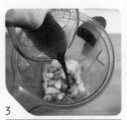

3

倒入红酒。

 用哪种红酒都可以，只要是没有调过味的（不是料理用红酒）。

4

倒入酱油和味醂。

 甜味要根据个人的习惯，也要根据洋葱本身的天然甜度，分量可以自己调整哦!

 酱油和味醂的比例可以自己调整。

5

打成泥。

6

倒入锅子里。

 刚打完时有许多细泡，看起来白白的。

7

开中火，煮沸后转小火。

 加热时，细泡会浮上来消掉，颜色会越变越深。

8

煮25～30分钟，时间越久洋葱的甜味越明显。加热过程中，如果水太少，可以补一点水。

9

浓缩的洋葱和风红酒酱完成了!

10

倒入容器里，冷却后放入冰箱冷藏室保存，可以存放2～3星期。

猪排 佐
和风洋葱红酒酱

PORK STEAK WITH ONION RED WINE SAUCE

- 分量　　　**1** 人份
- 烹调时间 **10** 分钟
- 难易度　　★★★☆
- 便当入菜　 **Yes**

煮了这么好吃的酱汁可以做成什么料理呢？应用的方式很多，直接加热可以做成牛排酱，搭配牛排、猪排、鸡排、羊排、鱼排都适合！这次我来示范一下用猪肉做一道美味的猪排料理。如果你买到的猪肉片比较薄，又想做成猪排，我建议先蘸面粉再煎，这样做有两个好处：第一，封住肉汁；第二，面粉吸收酱汁，每口都很入味！好！现在就去超市，看看有什么想吃的肉片买回来做做看吧！

材料
Ingredients

猪里脊肉 PORK LOIN —2片

蘑菇 MUSHROOMS —5个

盐、黑胡椒 SALT & BLACK PEPPER —各适量

高筋面粉 BREAD FLOUR —1大匙

色拉油 VEGETABLE OIL —少许

奶油 BUTTER —1/2小匙

和风洋葱红酒酱
ONION RED WINE SAUCE —3大匙

水 WATER —50mL

[配菜]

芦笋（烫过）ASPARAGUS —5或6根

胡萝卜（烫过）CARROT —4或5片

菜花（烫过）CAULIFLOWER —3或4朵

（以上配菜可以选择自己喜欢的代替）

1

将猪里脊肉片的筋间隔2~3cm切断。

 筋存在于脂肪和肉的中间。

2

蘑菇切成薄片。

 配菜的部分我用了烫过的胡萝卜、菜花和芦笋，你可以自己选择喜欢的蔬菜!

3

撒上盐和黑胡椒。

4

将肉片均匀蘸裹高筋面粉后，拍掉多余的粉。

 如果肉片比较厚，不用蘸粉，直接煎就好了!

5

平底锅开中火，倒一点油，放入蘸好粉的肉片，煎至金黄色。

 蘸粉后要马上煎，不然肉的水分出来，肉片表面就会变得黏黏的，口感变差。

6

如果有准备好的配菜，可以一起煎!

 只用生菜也可以!

7

将煎好的配菜和肉片都盛出来保温。

8

锅子擦净后，放入奶油块，开中火，熔化后放入切片的蘑菇。

9

炒出香味后，倒入和风洋葱红酒酱。

10

加水，用小火熬煮。

11

加入盐和黑胡椒调味。

12

把肉片放回锅子里，蘸裹酱汁后与其他配菜一起装盘。

27

香烤鲭鱼 ⑧ 番茄
佐 和风洋葱红酒酱

- 分量　**1** 人份
- 烹调时间 **10** 分钟
- 难易度　★★☆☆
- 便当入菜　No

GRILLED MACKEREL WITH ONION RED WINE SAUCE

和风洋葱红酒酱还可以做出许多变化，应用在不同的料理中。刚好我家的冰箱里还有之前买的鲭鱼，就拿来做烤鱼排吧！日本人很爱吃鱼，特别是烤的，通常日本灶台中间会装设专门烤鱼的小烤箱，只要把鱼放入烤熟就可以了。如果没有这种设备，直接用烤箱也可以做出这种香喷喷的美味烤鱼！而且涂上和风洋葱红酒酱一起烤，味道更丰富！如果你不喜欢鱼烤过的腥味，一定要试试这道料理哦！

材料
Ingredients

鲭鱼 MACKEREL —1/2片
盐、黑胡椒 SALT & BLACK PEPPER —各适量
牛番茄 TOMATO —1个
面包粉 BREAD CRUMBS —10g
蒜头 GARLIC —1瓣
欧芹 PARSLEY —1/4小匙
橄榄油 OLIVE OIL —1小匙
和风洋葱红酒酱
ONION RED WINE SAUCE —3大匙

1

将鲭鱼切成容易处理的大小。

 切成2块、3块、4块都可以。

2

撒上盐和黑胡椒。

3

将牛番茄切成1.5cm左右的厚片。

 如果太薄，加热时容易碎掉。

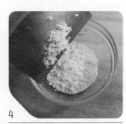

4

准备面包粉。将蒜头切末，放入面包粉里。

5

欧芹切末，放入。

 可以放入自己喜欢的香草类，香菜、罗勒、百里香都可以！

6

加入橄榄油，混合均匀。

 可以多准备一些，剩余的装入密封袋中，放进冰箱里冷冻。下次吃焗烤类食物时，可直接撒在上面，或用平底锅炒至金黄色，撒在茄汁意大利面里也很香！

7

烤盘上面铺锡箔纸，淋一点橄榄油，用刷子或手涂抹均匀。

8

将鲭鱼和切片的牛番茄放在烤盘上，在鱼上面刷上约1大匙的和风洋葱红酒酱（番茄不用涂）。

9

放入预热好（上下火200℃）的烤箱中，烤5~6分钟。

10

烤盘拿出来，在鱼和番茄上面撒上面包粉，再放入烤箱，烤至面包粉呈金黄色（3分钟左右）。

11

将和风洋葱红酒酱加热后铺在盘子上（大约2大匙），将烤好的鲭鱼和番茄放在上面，就可以上菜啦！

微辣胡麻味噌酱

GOMA MISO SPICY SAUCE

- 分量　**200** g
- 烹调时间　**8** 分钟
- 难易度　★ ☆ ☆ ☆
- 便当入菜　 Yes

胡麻和味噌是我个人很喜欢的调味料组合之一。从小就很爱选择这种口味的料理，长大后，很少去买这种现成的酱汁，而是经常自己做，不但可以调出自己喜欢的比例，而且味道也更香、更自然。特别是自己炒的白芝麻，是化学调味料怎么都调制不出来的。这次我加入了一点辣椒油，让味道变得更丰富！就是不太能吃辣的人，也能享受这种微辣的香味！夏天没食欲时，将这种酱汁加入料理中，可以增加食欲。

材料 Ingredients

芝麻粒 WHITE SESAME —2大匙
芝麻粉 SESAME POWDER —4.5大匙
味噌 MISO —1大匙
味醂 MIRIN —1大匙
酱油 SOY SAUCE —3大匙
蛋黄酱 MAYONNAISE —3大匙
辣椒油 CHILI OIL —1/2～1大匙

1

白芝麻尽量用生的，自己炒至金黄色，香味会更强烈！看！白芝麻开心地笑了！

2

冷却后舀4或5大匙，放入调理机或果汁机里打成粉。

小贴士 请注意！不要打太久，若芝麻的油分出来粘在机器里，很难处理。

3

打到大概没颗粒的样子就好了。

4

碗里放入除了辣椒油以外的调味料。

5

放入打成粉的白芝麻。

6

加入2大匙没有搅打的白芝麻粒。

小贴士 有一些白芝麻粒口感会更好！

7

搅拌均匀。

8

如果想要辣椒的香味，可以加入一点的辣椒油。

小贴士 虽然我很少吃辣的食物，但是偶尔吃一点微辣的酱汁也很可口！

小贴士 分量可以自己调整。

9

全部混合均匀后，装入玻璃容器里，放入冰箱冷藏保存，可以存放2~3星期。

小贴士 这种酱汁非常好用，懒得做饭时，直接淋在煮好的面上就很美味！
(＊￣▽￣＊)

胡麻味噌酱
蒸 蔬菜猪肉

Steamed Pork & Vegetable with Goma Miso Sauce

- 分量 **1** 人份
- 烹调时间 **10** 分钟
- 难易度 ★★☆☆
- 便当入菜 Yes

想吃简单、健康又要有满足感的料理，这个要求很过分吗？别担心！只要把各种蔬菜和肉片用蒸的方式加热就可以了。但这样蒸出来的食物口味很清淡，好像没那么好吃？没问题！只要搭配这款胡麻味噌酱，就能加入浓郁的味道，而且微辣的口味不但能增加食欲，还会有满足感！如果怕热量过高，想换成低卡的食物，肉的部分可以改成鸡胸肉。本来鸡肉的口感比较干，但用蒸的方式加热，和蔬菜一起吃，真的超可口！

材料
Ingredients

圆白菜 Cabbage —2或3片
胡萝卜 Carrot —30g
五花肉片 Sliced pork —6片
豆芽 Bean sprouts —80g
盐、黑胡椒 Salt & Black pepper —各适量
水 Water —50mL
清酒 Sake —2大匙
胡麻味噌酱 Goma miso spicy sauce —2小匙
水 Water —2小匙

1

圆白菜切成5~6cm的方形。

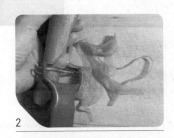

2

胡萝卜用削皮刀削成薄片。

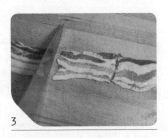

3

五花肉片切成段。

4

锅子里先放入圆白菜、胡萝卜和豆芽。

小贴士　先铺蔬菜类可以避免肉类粘住锅底。

5

肉片放在蔬菜上。

6

撒上盐和黑胡椒。

7

倒入水（50mL）和清酒。

8

盖上锅盖，开大火，蒸汽出来后转小火，继续焖约5分钟。

9

胡麻味噌酱和水（1:1）混合均匀。

小贴士　浓度可以自己调整。

10

食材都蒸好了！和准备好的蘸酱一起上桌！

胡麻味噌酱
(煮) 微辣五色炖肉

GOMA MISO NIKU-JYAGA STEW

▪ 分量	**1**	人份
▪ 烹调时间	**20**	分钟
▪ 难易度	★★★☆	
▪ 便当入菜	Yes	

听到炖肉很多人都会犹豫要不要做，因为要花很多时间炖煮，还要准备很多种调味料。其实仔细想想，炖肉的过程中会花那么多时间，主要原因是光煮肉块就要花不少时间，但如果用比较小块的肉就没问题。也可以像这道料理一样，用肉泥制作。当然调味料也不用特意准备，只要直接用前面介绍的胡麻味噌酱就解决了！可是用肉泥做的炖料理会不会没有满足感？完全不会！因为味噌与胡麻的浓郁味道会将所有的食材变得更有层次感，配饭或下酒都很适合！

材料 Ingredients

洋葱 Onion —1/4个
胡萝卜 Carrot —1/4个
土豆 Potato —1/2个
色拉油 Vegetable oil —少许
猪肉泥 Ground pork —80g
水 Water —150mL
胡麻味噌酱 Goma miso spicy sauce —2大匙
四季豆 Green beans —3或4根

1

洋葱切成片。

2

胡萝卜切成小块。

 切成小块熟得比较快！

3

食谱上分量不多，土豆只用一半。剩余的怎么处理？没关系！只要把皮削到一半就好了！

4

切下来，带皮的那块可以包起来，放入冰箱冷藏室保存。

 削皮后的蔬菜很快就会氧化，用不到的部分先不要削皮（胡萝卜、白萝卜都一样）。

5

土豆切成块。

6

锅子加入一点油，开中火，放入洋葱炒至透明。

7

放入猪肉泥，炒至全部变色。

8

放入切好的胡萝卜和土豆。

 青菜类（四季豆）容易褪色，先不要放入。

9

10

11

12

炒至土豆表面有一点半透明的样子，倒入水。

水沸腾后转小火，继续煮约5分钟。

胡萝卜变软后加入胡麻味噌酱。

搅拌至调味料熔化，转小火，继续煮5分钟左右入味。

 小贴士 加入味噌后不要煮太久，不然风味都跑掉了！确认所有的材料煮软之后，再放入胡麻味噌酱。

13

14

炖肉的时候，顺便烫一下四季豆。

四季豆切段后放入锅子里，或炖肉盛出后再放上去！

 小贴士 不用煮很久，保留一点脆脆的口感。

MASA的料理手帖
—— Tips ——

❶ 买了一整包青菜，一次没用完怎么办？Don't worry！（别担心！）不要勉强马上吃完！这里教你一个解决方法！把剩余的四季豆全部烫过后，放至完全冷却，放在纸巾上吸收多余的水分。如果表面有太多水分，会冻在一起，不好处理。

❷ 放入密封袋里，再放进冰箱冷冻室保存，可以存放2~3星期。使用前，放在室温下解冻。

1

2

香浓烤番茄酱汁

ROASTED TOMATO SAUCE

- 分量 **500** g
- 烹调时间 **30** 分钟
- 难易度 ★★☆☆
- 便当入菜 Yes

番茄酱最吸引人的就是番茄成熟的甜味与天然的微酸味。其实它的做法我之前介绍过，但这次介绍的材料与加热方式不一样。使用圣女果的原因是因为它的甜味比一般的番茄（大的）味道更浓郁。而且将圣女果放进烤箱，将多余的水分烤干，味道会更浓郁！烹煮时，不需要一直搅拌，只要与其他食材一起放进烤箱，就会闻到非常棒的香味，既简单，又好吃！一次多做一点，冷冻起来，就可以随时享受餐厅级的美味料理了！

材料 Ingredients

圣女果 MINI TOMATOES —500g
蒜头 GARLIC —5或6瓣
红葱头 SHALLOTS —3或4瓣
盐 SALT —1/2小匙
橄榄油 OLIVE OIL —1大匙

1

将圣女果切半。

小贴士 横切、纵切都可以！

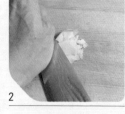

2

蒜头用刀拍散。

3

把蒜皮去掉。

4

如果有葱头，可以切成小块加入。

5

烤盘上铺锡箔纸，淋一点橄榄油（分量外）。

6

用刷子涂抹均匀。

7

圣女果断面朝上，摆在烤盘上，撒一层盐。

8

上面淋一点橄榄油。

9

放入预热好（上下火250℃）的烤箱里，烤20～25分钟。

10

烤出一点焦色的圣女果超级香！

小贴士 可以闻到浓缩的番茄味！

11

放入果汁机或调理机里。

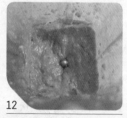

12

搅打成泥。

13

将番茄酱倒出来就可以用了！

14

剩余的酱冷却后，放入冰箱冷藏室，可以保存3～4天，或装入密封袋后放进冰箱冷冻室，可以保存3～4星期。

烤番茄酱汁
应用料理 **1**

豪华海鲜
茄汁酱炖饭

ASSORTED SEAFOOD RISOTTO WITH TOMATO SAUCE

- 分量　　　**1** 人份
- 烹调时间 **20** 分钟
- 难易度　★★★★
- 便当入菜　No

茄汁酱不仅可以做意大利面，还可以做成很多种料理！如当做汉堡肉酱、欧姆蛋酱、披萨酱等，总之，利用的方式很多！这次我使用了许多种海鲜，海鲜汁被米饭吸收后味道超级棒！

材料 Ingredients

墨鱼 SQUID —1/4只
虾 PRAWNS —4只
洋葱 ONION —1/4个
红葱头 SHALLOT —2瓣
奶油 BUTTER —1小匙
干贝 SCALLOPS —4或5个
盐、黑胡椒 SALT & BLACK PEPPER —各适量
白酒 WHITE WINE —50mL
色拉油 VEGETABLE OIL —适量
米 RICE —80g
橄榄油 OLIVE OIL —1/2小匙
水 WATER —180~200mL
烤番茄酱汁
ROASTED TOMATO SAUCE —5~6大匙
欧芹 PARSLEY —适量（装饰）

1

墨鱼取大概1/4，切成小块，剩余的3/4另外处理。

 墨鱼的处理方式参考P.14。

2

将虾去壳。

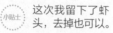 这次我留下了虾头，去掉也可以。

3

洋葱切丁。先切成0.5cm厚的片。

4

再将刀子横切进去，间隔0.5cm。

5

最后切成0.5cm见方的小丁。

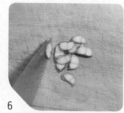

6

红葱头切片。

7

平底锅放入奶油，开中火，奶油熔化后放入红葱头，炒出香味。

8

放入处理好的墨鱼、虾和干贝。

9

撒一点盐和黑胡椒。

10

倒入白酒，转大火让酒精蒸发。

11

不要煮太久，虾全身变成红色就可以熄火。

 煮太久，海鲜会变硬，要注意！

12

将海鲜全部倒出来。

13

锅子不用洗，擦一下就好了。

14

开中小火，倒入一点色拉油后放入切丁的洋葱，炒至透明。

小贴士 不用炒到颜色太深！

15

加入生米。

小贴士 生米不用特别洗，因为泡过水的米在炒的时候容易碎。

16

加入橄榄油，搅拌至生米与橄榄油混合均匀。

小贴士 橄榄油在米粒表面形成油膜，可以避免煮碎。

17

倒入从海鲜中煮出的水分。

小贴士 一定要加入这个哦！先让生米吸足海鲜汁！

18

倒入一点水。

小贴士 水一次不要加入太多，大概淹没米粒的分量就可以。

19

加入烤番茄酱汁！

20

一边煮一边用平铲搅拌。

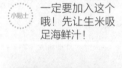

21

水分变少时，补点水继续煮。

小贴士 这不是煮面，如果一次加入的水太多，被米吸收后，口感会变差。

22

待表面冒泡时，注意观察每粒米的状态。

小贴士 煮到半生的状态，千万不要煮到像稀饭的样子哦！

23

米煮好后，放入所有海鲜。

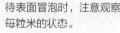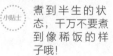

24

撒上盐和黑胡椒调整味道后，就可以装盘！

鸡肉番茄奶酱
意大利面

- 分量 **1** 人份
- 烹调时间 **15** 分钟
- 难易度 ★★★☆
- 便当入菜 **Yes**

SPAGHETTIS WITH CREAMED TOMATO SAUCE CHICKEN

做茄汁酱意大利面通常要花很多时间，但如果有这款超级方便的"烤番茄酱汁"，就可以花一点时间另外处理肉、蔬菜等食材。这次我用了一整支鸡腿肉，将它切成大块一点煎熟，再加入烤番茄酱汁，感觉像是炖了很久的料理，但实际花的时间并不多！因为我要顺便介绍烤番茄酱汁的变化，所以这次加入了鲜奶油，结果番茄烤过的香味与鲜奶味非常和谐！不仅可以用于意大利面，还可以用于通心粉等，怎么样使用都是自由的！

材料
Ingredients

洋葱 ONION —1/4个
鸡腿肉 CHICKEN THIGH —1支
色拉油 VEGETABLE OIL —适量
盐、黑胡椒 SALT & BLACK PEPPER —各适量
烤番茄酱汁
ROASTED TOMATO SAUCE —5～6大匙
水 WATER —100mL左右
鲜奶油 WHIPPING CREAM —2大匙
意大利面 SPAGHETTIS —100g
四季豆 GREEN BEANS —2或3根

1

洋葱切片。

2

将鸡腿肉厚的部位切开，调整厚度。

3

切成4cm见方的小块。

4

平底锅加入一点油后开中火，鸡肉皮朝下放入，上面撒盐和黑胡椒。

 先将皮煎脆会比较香！

5

放入切好的洋葱，加热至洋葱变透明。

 洋葱炒至透明才会有甜味出来！

6

加入烤番茄酱汁。

 平常要煮很久，但是烤过的番茄味道已经很浓缩了！

7

加入水和鲜奶油，用小火煮至鸡肉熟后熄火。

 如果怕味道太重，可以用牛奶代替。

8

煮面时可以顺便烫一下青菜，这次我用了四季豆。

 青菜可以选择自己喜欢或冰箱里有的，芦笋、毛豆、菠菜等都可以。当然冷冻保存的青菜也可以用哦！ ^^v

9

面煮至半生的状态，移到酱汁里（青菜还没有放）继续煮。

10

如果水分不够，可以加入煮面的水补充。

11

煮到喜欢的软度后放入青菜。

12

加入盐和黑胡椒调整味道后装盘。~♪

好吃又方便_的山茼蒿青酱

- 分量　**300** g
- 烹调时间　**10** 分钟
- 难易度　★★☆☆
- 便当入菜　Yes

平常在台湾看到的是叶子比较大的茼蒿，刚好这次碰到很漂亮的山茼蒿！其实日本的茼蒿都是这种，日文叫"春菊"（しゅんぎく，Syungiku），最适合放入火锅料理了！如果买了大量的青菜用不完怎么处理呢？烫好直接冷冻起来是最简便的方式。但我这次利用它的香味做成了青酱！平常做青酱时，用到的蔬菜是罗勒，但换成青菜来做也很美味。做法有两种：第一种是直接放入果汁机打成泥，但这种方式做出来的青酱不适合直接涂在面包上吃，会有涩味；另一种方法是先将蔬菜煮好再打成泥，但蔬菜放入热水中加热容易流失风味和香气。所以我使用炒的方式来加热，让蔬菜多余的水分蒸发，不但可以留住香气，还可以将风味浓缩，做出超级香的青酱，直接涂在面包上或做成凉拌的意大利面都很适合哦！

材料 Ingredients

山茼蒿或普通茼蒿 SHUNGIKU —200g
蒜头 GARLIC —5或6瓣
松子 PINE NUTS —20g
盐、黑胡椒 SALT & BLACK PEPPER —各适量
橄榄油 OLIVE OIL —60mL
奶酪粉 PARMESAN —1大匙

1 将茼蒿的根切掉，洗净后，放在网筛上沥干，再切成段。

2 蒜头不用剥皮，直接用刀压扁。

3

这样就可以很轻松地去掉皮了！

4

锅子里倒入橄榄油（1大匙左右）。

小贴士 要用耐热橄榄油哦，如果没有，可以用普通色拉油代替。

5

开小火，放入松子和蒜头。

小贴士 如果油温很高再放入蒜头，容易黑掉。

6

慢慢炒出松子和蒜头的香味。

小贴士 松子可以用其他坚果类代替，如花生、杏仁、腰果或核桃等都很适合！

7

不要炒到颜色太深，有一点金黄色时，就可以加入切好的茼蒿。

小贴士 加热过久，蒜味太重，会盖住茼蒿的香气。

8

转中火继续炒。

9

水分大概蒸发后，加入盐和黑胡椒混合均匀，熄火。

小贴士 这种酱是浓缩味的，盐可以多加一点。

10

放入果汁机或调理器里。

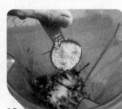

11

倒入橄榄油。

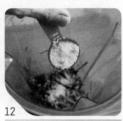

12

加入奶酪粉，盖起来搅打成泥。

13

加入一点盐调味。

14

装在干净的瓶子里，放入冰箱冷藏，可以保存1～2星期。

小贴士 因为是熟的，直接涂抹在面包上也很好吃！

 MASA的料理手帖 Tips

如果怕用不完，可以装在制冰盒中冷冻起来，可以存放更久哦！使用前，提前放在室温下解冻。

45

鸡肉 & 土豆
温制沙拉 佐 青酱

- 分量 **1** 人份
- 烹调时间 **20** 分钟
- 难易度 ★★☆☆
- 便当入菜 Yes

ROASTED CHICKEN & POTATO WITH SHUNGIKU PESTO SAUCE

青酱的用途很广泛，不仅可以凉拌，还可以做成更丰富、更有满足感的料理！这次是用肉类搭配蔬菜做的一道温制沙拉，本来口感比较干的鸡胸肉，涂抹上山茼蒿青酱烤焙，不但可以封住肉的水分，还可以增加香味。再把切片的土豆和青酱拌匀，一起放进烤箱，不需要烤很久，就能马上入味变得香喷喷的。如果再将烤好的圣女果浓缩的甜酸味加在这道沙拉上，又可以多一种风味。虽然只是一道简单的鸡肉沙拉，却能拥有超多的满足感！

材料
Ingredients

土豆 POTATO —1个
鸡胸肉 CHICKEN BREAST —1片
山茼蒿青酱 SHUNGIKU PESTO SAUCE —2大匙
圣女果 MINI TOMATOES —5或6粒
盐、黑胡椒 SALT & BLACK PEPPER —各适量

1

土豆切成薄片。

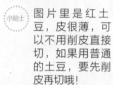小贴士 图片里是红土豆，皮很薄，可以不用削皮直接切，如果用普通的土豆，要先削皮再切哦！

2

如果鸡胸肉太厚，从中间切一刀。

3

将鸡胸肉分成两片，不用切成小块。

小贴士 若切成小块，烤的时候肉汁容易出来，口感会比较干。

4

将切好的土豆放入碗里，加入山茼蒿青酱。

5

搅拌均匀。

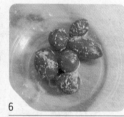

6

圣女果不用切，直接与青酱拌匀就好了！

7

鸡胸肉用同样的方式拌匀。

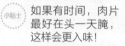小贴士 如果有时间，肉片最好在头一天腌，这样会更入味！

8

将蘸好酱的食材全部放在铺有烘焙纸或锡箔纸的烤盘上，撒上盐和黑胡椒调整味道。

9

放进预热好（上下火200℃）的烤箱，烤12～15分钟。

10

烤好了，超级香哦！

11

把鸡肉切成小块装盘即可。

虾 & 雪白菇
青酱意大利面

- 分量　　　**1** 人份
- 烹调时间 **15** 分钟
- 难易度　★★★☆
- 便当入菜　`Yes`

SPAGHETTIS WITH SHUNGIKU PESTO AND PRAWNS

青酱不仅可以做凉拌菜，还可以做成味道超极棒的意大利面！当我看到这么漂亮的绿色时，心想一定要搭配艳丽的红色才可以，于是，我想到了虾，再加入一种很有口感的白色蔬菜——雪白菇，虾的海鲜味和用奶油炒出来的菇类，再加入一点酱油，最后加入山茼蒿青酱拌一拌，不再多做解释了，请慢慢享用香味的大合奏！

材料 Ingredients

虾 PRAWNS —4只
雪白菇 SHIMEJI MUSHROOMS —1包
意大利面 SPAGHETTIS —100g
奶油 BUTTER —2小匙
黑胡椒 BLACK PEPPER —适量
酱油 SOY SAUCE —1/2小匙
山茼蒿青酱 SHUNGIKU PEST SAUCE —3大匙
盐、黑胡椒 SALT & BLACK PEPPER —各适量
帕玛森奶酪 PARMESAN CHEESE —少许
欧芹 PARSLEY —少许

1

虾壳剥掉，尾巴可以保留，也可以去掉！

2

切开背部，将肠泥拉出来。

小贴士 如果是用很小的草虾或虾仁，肠泥不会很粗，可以跳过这个步骤！

3

4

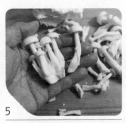

5

6

这次我用的是雪白菇，它与鸿禧菇很像，味道和口感也很接近。

 也可以用其他菇类代替。

处理方式很简单，直接将根的部位切掉。

用手撕散。

食材准备好了，开始煮面！^^b

 意大利面详细的煮法参考P.12。

7

8

9

10

平底锅里放入奶油，开中火，待奶油熔化后，放入雪白菇。

不需要翻炒，放入时均匀散开，底面变成金黄色时翻拌一下。

放入虾，炒至变色。

加入黑胡椒和酱油，搅拌均匀。

 虽然还要加入青酱，但加一点酱油，可以多一层香味！

11

12

13

14

意大利面煮好后，捞至步骤10里。

 意大利面可提早（比包装上建议的时间早1～2分钟）捞出来，放进酱汁里继续煮，这样比较入味！

加入山茼蒿青酱。

 分量可以自己调整，多加一点也可以！

加入煮面的水（5～6大匙）。

 想吃汤面还是干面，可以通过控制水量进行调整。

加入盐和黑胡椒调整味道后装盘，最后撒上帕玛森奶酪和欧芹。

金针菇冰块

ICE CUBED ENOKI MUSHROOMS

- 分量 **42** 块
  （每块约13g）
- 烹调时间 **45** 分钟
- 难易度 ★★☆☆
- 便当入菜 **Yes**

用金针菇做冰块？没错！这次我想介绍一种在日本很流行的健康食物。做法虽然简单，看起来也没那么诱人，但它的健康功效不容小觑！菇类含有很多营养素，有益身体健康，直接做成料理就很好吃。但如果你用我介绍的方法，做出来的冰块会更健康，而且具有美容效果！可以一次多做一点，放在冰箱冷冻室保存，只要每次煮菜时取出两三块，放进你的料理中就大功告成了！

材料 Ingredients

金针菇 ENOKI MUSHROOMS —— 300g

水 WATER —— 350mL

制冰盒 —— 2盒
（1盒可做21个，每个约13g）

1

2

小贴士 Q: 菇类要洗吗？
A: 通常种植菇类的工厂基本都很干净，可以打开直接使用，如果不放心，用水冲一下就好了！

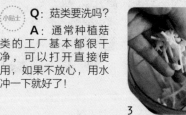

3

将金针菇根的部位连同包装袋一起切掉。

去掉包装袋后，再切半。

将切好的金针菇放入果汁机里，倒入水。

 这样切，可以避免根部散开，弄脏砧板。

4

打成泥状（30秒左右）。

小贴士 **Q**：为何要打成泥？切成末不行吗？
A：Mushroom chitosan藏在金针菇的细胞壁里面，要弄成泥才能提取出来。

Q：到底"Mushroom chitosan"是什么东西？
A：Mushroom chitosan是"菇类甲壳素"，具有燃烧脂肪的效果！

5

将打好的金针菇泥倒入锅子里。

6

开中火，沸腾后转小火，继续煮30分钟左右。

小贴士 长时间加热，才可以提取出有效成分，如菇类甲壳素、葡聚多糖体、氨基酸、缩氨酸与游离脂肪酸！它们都是有助于美容的物质。

7

煮半小时了，辛苦了！

小贴士 如果不想一直盯着锅子，可以用电锅、电子锅或焖烧锅等加热，只要将温度保持在85℃以上，30分钟左右即可！（°∇°;）\（￣_￣）

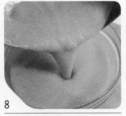

8

倒出来冷却。

9

冷却后，注入制冰盒中。大概可以倒2盒。

10

放入冰箱的冷冻室冷冻，

11

金针菇已经冷冻好了！1块大约13g。♪

12

把金针菇冰块放进密封袋冷冻保存，可以存放2个月左右。

小贴士 一天只要吃3块，就可以获得金针菇冰块的健康与美容效果。

MASA的料理手帖
— Tips —

金针菇冰块如何使用呢？其实没有什么特别规定，只要在平常煮汤或做煮物时放进去就可以。当然放入味噌汤、炒饭、炖肉、咖喱、意大利面里等都很适合，可以多一种风味！

金针菇冰块
三色便当

TRI-COLOR BENTO WITH ENOKI MUSHROOM CUBES

- 分量　　　**2** 人份
- 烹调时间 **20** 分钟
- 难易度 ★★★☆
- 便当入菜　[Yes]

材料
Ingredients

[金针菇饭]

金针菇冰块 ENOKI ICE CUBE —4块（52g）

水 WATER —适量

米 RICE —2杯

[金针菇卤肉]

金针菇冰块 ENOKI ICE CUBE —2块（26g）

猪肉泥 GROUND PORK —100g

水 WATER —1大匙

味醂 MIRIN —1大匙

砂糖 SUGAR —1/2大匙

味噌 MISO —1/2大匙

[金针菇酱油菠菜]

菠菜 SPINACH —80g

金针菇冰块 ENOKI ICE CUBE —2块（26g）

水 WATER —1大匙

味醂 MIRIN —1小匙

酱油 SOY SAUCE —1小匙

白芝麻 WHITE SESAME —少许

[金针菇炒蛋]

鸡蛋 EGG —2个

金针菇冰块 ENOKI ICE CUBE —2块（26g）

盐 SALT —少许

色拉油 VEGETABLE OIL —1小匙

大家都知道这个金针菇冰块的厉害了吧！它可以应用在很多料理中。这次我来介绍一种可爱的便当做法！之前出版过便当食谱，反应非常好（现在正策划第二本）！感觉越来越多的人开始喜欢自己带便当。自己带便当的好处很多，除了可以选择自己喜欢的食物外，也可以选择相对健康的食物。做便当菜时，我建议颜色尽量多一点，除了营养素比较均衡外，颜色缤纷的便当一打开便会让人心情愉快，这样午餐就会变成快乐的便当时间！每种做法都很简单，但是由于加入了金针菇冰块，让味道变得更浓郁了。不管与大米一起煮，还是与鸡蛋一起煎或炒，如何让这个营养丰富的金针菇冰块参入，决定权在你哦！

1

先准备金针菇饭。将金针菇冰块和水放入量杯里，溶解后倒入米中，一起放入电锅中烹煮。米和水的比例与平常煮饭时一样。

小贴士　金针菇冰块和水装入量杯时，不用特别注意水放多少，只注意金针菇冰块的分量就好了，与米一起倒入内锅，再调整水量。

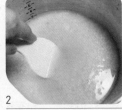

2

煮之前搅拌一下，让金针菇散开，时间与平常煮饭一样。

3

准备金针菇卤肉。把金针菇冰块放入锅子里，开小火解冻。

小贴士　金针菇冰块的分量可以自己调整，多放一点也没有关系！

4

放入猪肉泥，补1大匙水，继续炒，让肉均匀散开。

小贴士　肉泥可能会粘住锅子，加点水比较好处理！

5

加入味醂、砂糖与味噌。

小贴士　甜度（砂糖、味醂的分量）可以自行调整。

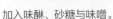

6

炒至调味料都熔化，与肉泥混合均匀后就可以熄火。

小贴士　根据自己的喜好调整干湿程度。

7

准备金针菇酱油菠菜。将菠菜烫好后，切成容易入口的大小。

8

平底锅中放入1或2块金针菇冰块，加入1大匙水，开小火。

9

金针菇解冻后，放入味酥和酱油。

10

搅拌混合。

11

放入菠菜，撒一点白芝麻后熄火。因为菠菜已经熟了，所以不用煮很久哦！

 当然青菜也可以换成四季豆、芦笋、茼蒿等。

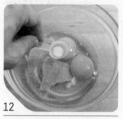

12

准备"金针菇炒蛋"。将蛋打入碗里，加入解冻的金针菇冰块与盐。

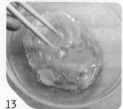

13

用筷子搅拌均匀。

14

平底锅开中火，加入一点油后，倒入蛋液。

15

用两双筷子搅拌。

 用较多筷子可以很快做出很碎的蛋花。

16

炒至蛋液全部凝固。

17

将准备好的三种配菜放在盘子上冷却，煮好的金针菇饭放在便当盒冷却后，上面再放上三样配菜。

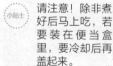 请注意！除非煮好后马上吃，若要装在便当盒里，要冷却后再盖起来。

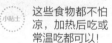 这些食物都不怕凉，加热后吃或常温吃都可以！

MASA的料理手帖
Tips

这份菜单是两人份，你可以先吃一份，另一份当做便当。

金针菇冰块
应用料理 **2**

金针菇白酱焗烤虾

ENOKI FLAVORED PRAWN GRATIN

- 分量 **1** 人份
- 烹调时间 **20** 分钟
- 难易度 ★★★☆
- 便当入菜 Yes

我做焗烤料理时，常会加入白酱一起烘烤，但白酱中含有很多奶油，很介意热量的朋友看到材料表时，一定会犹豫要不要学这道料理。Don't worry！（别担心！）只要用金针菇冰块就可以做出低卡的白酱，而且还多一层浓郁的香菇味！学会这种白酱的做法，就可以应用在很多料理中，不仅焗烤，还可以做意大利面、巧达汤，直接淋在欧姆蛋上也很好！一次多做点冷冻起来，就可以随时取用！

材料
Ingredients

通心粉 MACARONI —80g
金针菇冰块 ENOKI ICE CUBE —3块
低筋面粉 CAKE FLOUR —10g
牛奶 MILK —160mL
盐 SALT —少许
鸿禧菇 SHIMEJI MUSHROOMS —1/2包
虾 PRAWNS —5只
奶油 BUTTER —1小匙
白酒 WHITE WINE —1大匙
盐、黑胡椒 SALT & BLACK PEPPER —各适量
四季豆（烫过）GREEN BEANS —3根
披萨奶酪 PIZZA CHEESE —15g

1

水沸腾后加入盐，放入通心粉。

小贴士　煮制时间可以参考包装上的说明。

2

这次做的白酱方式不一样，金针菇冰块解冻后，放入锅子里。

3

放入面粉搅拌均匀后，开小火加热。

小贴士　面粉加热后可代替奶油。

4

煮至有气泡冒出来。

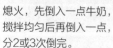

5

熄火，先倒入一点牛奶，搅拌均匀后再倒入一点，分2或3次倒完。

小贴士　因为温度太高，一次倒入大量的牛奶很容易结块。

6

开中火，一边加热一边搅拌出稠度。

小贴士　面粉容易在锅底烧焦，因此要搅拌至锅底每个角落！

7

看到白酱表面冒出气泡，熄火，加点盐调味。

8

这次我用的是鸿禧菇，它脆脆的口感和虾一起吃非常棒。先把根切掉。

9

用手撕散。

10

虾去壳后，切开背部，将
肠泥拉出来。

 也可以加入干
贝、墨鱼等，口
味更丰富！

11

平底锅放入奶油，开中
火，放入鸿禧菇，炒出
香味。

12

加入虾，炒至变色。

13

倒入一点白酒，焖一下后
熄火。

14

加入盐和黑胡椒，调整味
道。

15

把炒好的虾、鸿禧菇，还
有煮好的通心粉，放入白
酱里混合均匀。

16

加入烫过的四季豆。

 可以用自己喜欢
的青菜，如果有
冷冻保存的蔬
菜更方便，解冻
后直接放进去就
好了！

17

将步骤16的食材放入耐
热盘子里。

18

撒上一层披萨奶酪。

19

放入预热好（上下火
200℃）的烤箱，烤至表
面有一点金黄色（3~5
分钟）就好了！

 烘烤的时间可以
调整，因为食材
都是熟的，只要
烤至表面上色就
可以吃了！

简 单 就 可 以 做 好
的 各 式 各 样 小 菜

如果没时间或懒得煮，利用一些简易食材也能轻松完成不需要开火的即食料理，或者花时间做些可保存的小菜，即可随时取用，超方便。只要多一点巧思，就是美味的制胜关键。此单元介绍的小菜不但好吃又下饭，当成下酒菜也不错哦！

★ ★ ★ ★

皮蛋豆腐牛油果
洋葱沙拉

PRESERVED & AVOCADO TOFU SALAD

- 分量　　**1** 人份
- 烹调时间　**5** 分钟
- 难易度　★☆☆☆
- 便当入菜　Yes

第一次在台湾看到"皮蛋"这种食物时，我并没有外国人常有的反应，遇到奇怪的食物犹豫要不要吃一口之类的。反而看到漂亮的琥珀色的蛋放在豆腐上，一眼就很喜欢。后来到小吃店用餐时，常会点这道菜，直接吃或搭配米饭都很适合。偶尔设计与皮蛋有关的料理时，常会加入自己的创意，这次就决定在上面放柴鱼片洋葱沙拉。洋葱和柴鱼片上淋一点酱油的沙拉是传统的家庭料理，直接放在米饭或豆腐上已经很好吃，加上皮蛋与洋葱也很对味，混合在一起用超级棒，有没有国籍料理的感觉？

材料
Ingredients

紫洋葱 RED ONION —1/4个
牛油果 AVOCADO —1/2个
皮蛋 PRESERVED EGG —1个
老豆腐或嫩豆腐 FIRM OR SILK TOFU —1/2盒
柴鱼片 SHREDDED BONITO —5g
白芝麻 WHITE SESAME —少许
香菜 CILANTRO —1把

[调味料]

酱油 SOY SAUCE —1大匙
味醂 MIRIN —1大匙
伊薇橄榄油 E.V. OLIVE OIL —1～2小匙
巴萨米克醋 BALSAMIC VINEGAR —1小匙

1

紫洋葱逆纹切成薄片。

2

泡在冰水中约10分钟。

3

牛油果切成小块。

小贴士 牛油果的切法参考P.78。

4

我最喜欢的中式食材——"皮蛋"！

5

剥掉壳后，切成小块。

6

豆腐也切成小块。

小贴士 豆腐用嫩豆腐或老豆腐都可以，根据自己喜欢的口感！

7

洋葱去除多余的水分后，加入柴鱼片和白芝麻。

8

放入牛油果、皮蛋和切丁的香菜。

小贴士 加入番茄也不错哦！

9

加入调味料拌匀，与豆腐一起装盘就完成了！

嫩豆腐

拌 **黑芝麻酱沙拉**

TOFU SALAD WITH BLACK SESAME CREAMED DRESSING

- 分量 **1** 人份
- 烹调时间 **5** 分钟
- 难易度 ★☆☆☆
- 便当入菜 **Yes**

豆腐本身的味道很淡，可以搭配味道比较重的酱汁，例如本书Part1介绍的酱汁。这次我设计了黑芝麻风味的沙拉酱，以蛋黄酱为基底的沙拉酱通常酸味比较重，但加入炼乳就可以中和酸味，而且增加一层不同的甜味！不过豆腐、生菜都是软的，感觉少了一些口感，于是我模仿凯撒沙拉的做法，加入了一点小零食"とんがりコーン"（Dongarikon，一种日本零食品牌，有点像台湾的金牛角饼干），不但多了一种脆脆的口感，而且看起来非常和谐，你也可以选择自己喜欢的零食试试看！

材料
Ingredients

紫洋葱 RED ONION —1/8个
嫩豆腐或老豆腐
SILK TOFU OR FIRM TOFU —1/2盒
水菜 MIZUNA —1把（可以用其他生菜代替）
自己喜欢的小零食 SNACK —适量
（土豆片也很适合）

[黑芝麻酱]
蛋黄酱 MAYONNAISE —1.5大匙
黑芝麻粉 BLACK SESAME POWDER —2大匙
白醋 RICE VINEGAR —2小匙
炼乳或蜂蜜 CONDENSED MILK OR HONEY —1小匙

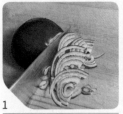

1

紫洋葱沿逆纹切成薄片。

小贴士 逆纹是为了将纤维切断，泡水时比较容易洗掉洋葱的刺激味。

2

泡在冰水中约10分钟。

3

打开豆腐包装盒，因为这次只用1/2盒，将刀从中间切进去。

小贴士 注意！只切到豆腐，不要切到盒子哦！

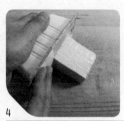

4

将半块豆腐倒出来。

小贴士 剩余的半块豆腐，参考P.13处理。

5

倒出来的豆腐用纸巾包裹，吸收多余的水分。

6

水菜洗净，切成容易入口的大小。

7

将豆腐切成小方块。

8

做黑芝麻酱。将蛋黄酱、黑芝麻粉和白醋放入碗里，混合均匀。

小贴士 日本的蛋黄酱味道比较酸，可以先尝一下味道，再调整调味料的分量哦！

9

因为我想多一种浓郁的甜味，所以加入一点炼乳。

小贴士 也可以用蜂蜜代替。

10

准备小零食！只要是自己喜欢的都可以用，刚好这次我家有"とんがりコーン"，小时候很爱吃，每次都是把它套在手指上吃。将切好的材料装在盘子上，淋上黑芝麻沙拉酱，再撒上喜欢的小零食，全部混合均匀就好了！^^b

63

凉拌圆白菜沙拉

HOME MADE COLESLAW

- 分量 **1** 人份
- 烹调时间 **20** 分钟
- 难易度 ★★★★
- 便当入菜 Yes

台湾的圆白菜很脆也很甜，做什么料理都很好吃，这次我决定做凉拌卷心菜（Coleslaw）沙拉。从小我就很喜欢吃KFC（肯德基）的炸鸡，而且每次都会点这种装在小杯子里的沙拉，吃几块炸鸡后再吃这种沙拉会比较清爽。其实这种沙拉做法很简单，自己制作，不但可以调整味道，还可以加入自己喜欢的食材！

材料
Ingredients

圆白菜 CABBAGE —2～3片（100g）
胡萝卜 CARROT —20g
盐 SALT —1/2小匙
玉米粒（罐头）CANNED CORN —1大匙
蛋黄酱 MAYONNAISE —1.5大匙
砂糖 SUGAR —1小匙
黑胡椒 BLACK PEPPER —适量
黄芥末籽酱 DIJON MUSTARD —1小匙
（不加也可以）

MASA的料理手帖
Tips

买了一罐玉米粒只用了一大匙，剩余的怎么办？其实这种玉米粒可以应用在许多料理中，可以多一种味道和口感。也可以装入密封袋后，放进冰箱冷冻室保存，可以再放2～3星期，虽然口感会有点变化，但还可以放入汤汁类料理中。（不用解冻，直接放进去就好了！）

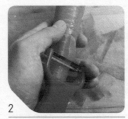

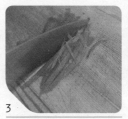

1　圆白菜洗好后切成丝（大概0.5cm）。

2　我要做很细的胡萝卜丝，所以先用削皮刀削皮。

3　再切成细丝。

4　放入约1/2小匙的盐。

 因为不想花太多时间腌渍，所以将胡萝卜切得很细，切得越细越容易入味，还可以享受脆脆的口感！

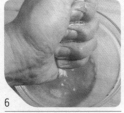

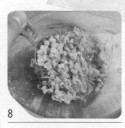

5　搅拌均匀，放置5～10分钟让它出水。

6　时间到了！把蔬菜里的水分挤出来。

7　脱过水的蔬菜因为水分变少，体积也变小了。

8　加入玉米粒！

 玉米粒的口感和甜味很适合做这种沙拉！

 脱水的程序很重要，如果往蔬菜里直接加入调味料，会被水分带走，无法入味。

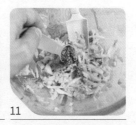

9　加入蛋黄酱。

10　加入一点砂糖和黑胡椒，搅拌均匀。

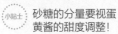 砂糖的分量要视蛋黄酱的甜度调整！

11　如果想多一种酸味，可以放入一点黄芥末籽酱哦！

 也可以加一点番茄酱，制作出千岛酱的味道！也很好吃！ ^^ v ）

红叶萝卜泥 & 小银鱼
佐 柠檬酱油汁

WHITE BAIT FISH WITH MOMIJI OROSHI TOPPING

- 分量 **1** 人份
- 烹调时间 **5** 分钟
- 难易度 ★ ☆ ☆ ☆
- 便当入菜 **Yes**

我很喜欢用白萝卜泥，它不仅好吃，还有分解油脂的效果，适合搭配油腻的食物一起吃。白萝卜有甜的部位和苦的部位，一般皮的厚度会影响甜度，靠近叶子的部分比较甜，靠近尾须的部分比较苦（皮比较老，会有较多的苦味）。甜的部位适合生吃，可以做沙拉类、萝卜泥等；苦的部位可以做泡菜、味噌汤等；中间的部位可以做成煮物类，如关东煮等。这次我要介绍"红叶萝卜泥"，名字里虽然有红叶，但并不是真的放入红叶，而是用生辣椒磨成泥，将颜色变成漂亮的红色，可以搭配酱料，或天妇罗、炸豆腐等。传统的红叶萝卜泥的做法是把白萝卜切成大块，中间用筷子扎几个洞后，把辣椒塞进去，一起磨成泥，流程有一点麻烦。这里介绍的

材料 Ingredients

白萝卜 DAIKON —2cm
辣椒 CHILI PEPPER —1个
牛番茄 TOMATO —1个
小银鱼 WHITE BAIT FISH —1~2大匙
葱花 CHOPPED SCALLIONS —1/2小匙

[柴鱼风味柠檬酱油]
酱油 SOY SAUCE —1/2大匙
味醂 MIRIN —1/2大匙
柠檬汁 LEMON JUICE —1/2大匙
柴鱼片 SHREDDED BONITO —适量

一种比较简单的方式，可以很快做出少量！搭配的食材我选了番茄和小银鱼，制作出一道很清爽的前菜！

1

准备柴鱼风味柠檬酱油。将酱油、味醂倒入碗里，挤入柠檬汁。

小贴士 酱油：味醂：柠檬醋＝1：1：1。

2

将柴鱼片压碎后加入，搅拌均匀，柴鱼风味柠檬酱油就完成了！

小贴士 可以多做一点装入瓶子里，这样柴鱼的风味会越来越浓！

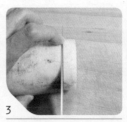

3

准备红叶萝卜泥。传统的方式是把辣椒塞进白萝卜里再磨成泥，但是只做少量时比较不方便。这次我来介绍比较快速的方法！先把白萝卜连皮切下来（大概1.5~2cm）。

4

将皮削下来。

小贴士 如果想要享受白萝卜的微辣味道，只要把皮洗干净直接用就可以了。

5

对切成半，测一下辣椒和萝卜的长度后，把辣椒切成与萝卜同样的长度。

6

将辣椒切开，再把里面的籽刮出来。

7

将辣椒夹在两片白萝卜片中间。

8

用磨泥板磨成泥，看！漂亮的红色！

9

将番茄切成0.5cm厚的片状。

10

将红叶萝卜泥里的多余水分倒掉，放在番茄上。

11

最上面放小银鱼，淋上柠檬酱油，再撒一点葱花即可。

● 不需要开火就可以制作的小菜

火腿 & 玉米
& 洋梨面包沙拉

PROSCIUTTO & PEAR BREAD SALAD

- 分量　　　**1** 人份
- 烹调时间　**5** 分钟
- 难易度　★★★★
- 便当入菜　Yes

在西洋前菜中，生火腿和哈蜜瓜类是经常搭配的组合。刚好我买到非常棒的生火腿，但我想用来做成更有满足感的料理，所以决定加入面包。因为火腿的咸味比较重，可以搭配味道较淡的食材，有肉（蛋白质）、蔬菜（纤维）与面包（碳水化合物），人体所需要的营养都有，不用再准备其他的料理了！而且不用开火，就可以快速做出这道美味的料理，当做早餐或下酒菜都很适合哦！

材料 Ingredients

帕玛生火腿 PROSCIUTTO —2片
（也可以用普通火腿代替）
牛油果或西洋梨 AVOCADO OF PEAR —1/2个
紫洋葱 RED ONION —1/8个
法国面包 FRENCH BREAD —1/4条
（用软面包也很好吃）
欧芹 PARSLEY —少许
玉米粒（罐头）CANNED CORN —1～2大匙
盐、黑胡椒 SALT& BLACK PEPPER —各适量
伊薇橄榄油 E.V.OLIVE OIL —1～2小匙

1

这次我用的是帕玛生火腿，它比一般火腿要薄，味道也比较重，如果买不到，可以用普通的火腿代替，熏三文鱼也不错！

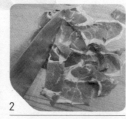

2

切成容易入口的大小。

3

适合与这种火腿一起吃的食材是西洋梨、哈密瓜或牛油果。味道淡、口感鲜嫩的水果或蔬菜都很适合！

4

削皮，去掉籽和蒂后，切成薄片。

 西洋梨切法参考P.70。

5

泡在盐水里，避免变色，同时让西洋梨稍微入味。

6

紫洋葱逆纹切。

7

泡在水里，去掉洋葱的刺激味。

8

面包可以选择自己喜欢的，这次我买了法国香草面包，先切片。

 用软面包也很好吃！

9

再切成容易入口的大小。

10

切好的材料与欧芹一起放入碗里，并加入玉米粒。

11

加入盐和黑胡椒，调整味道。

 如果你和我一样用的是帕玛生火腿，它的味道已经很重，盐不要加太多哦！

12

淋一点伊薇橄榄油，搅拌一下就可以装盘了。

蔬果风味莎莎酱
墨西哥饼沙拉

▪ 分量	**1**	人份
▪ 烹调时间	**8**	分钟
▪ 难易度	★☆☆☆	
▪ 便当入菜	Yes	

第一次遇到这道料理时是在加拿大，每家超市都有这种墨西哥饼与莎莎酱的组合，顾客可以买回家边看电视边吃。在台湾很少看到这种零食，大部分的墨西哥饼已经调过味道。这次我在超市买到了原味的墨西哥饼，于是决定自己做莎莎酱一起吃！莎莎酱的意思是水分很多的酱汁，一般会用到番茄、洋葱、辣椒等，但没有固定的配料，只要把喜欢的蔬菜类切丁，加入调味料混合均匀就完成了！这次我用的组合都是在超市容易买到的，本来计划用牛油果，但发现有很好吃的西洋梨，它嫩嫩的口感也很适合放入莎莎酱里，水果的甜味还可以中和莎莎酱特别刺激的辣味与酸味，所以不太爱吃莎莎酱的朋友们可以试试看！而且自己做的酱味道不会很咸，所以搭配调过味的墨西哥饼也可以哦！

材料 Ingredients

墨西哥饼 Nachos —1/2包
（用原味或自己喜欢的味道都可以）
莴苣 Lettuce —2或3张
巧达奶酪、莫勒瑞拉奶酪
Cheddar & Mozzarella cheese —各适量

[莎莎酱]
西洋梨或牛油果 Pear or avocado —1/2个
圣女果或牛番茄 Mini tomatoes —120g
紫洋葱 Red onion —1/4个
香菜 Cilantro —2把
蒜头 Garlic —1或2瓣
辣椒 Chili pepper —1/2支
盐 Salt —1/4小匙
黑胡椒 Black pepper —适量
酱油 Soy sauce —1/2小匙
柠檬 Lemon —1/2个

1

制作莎莎酱。准备一个西洋梨。莎莎酱有一点辣味，加入其他食材可中和辣味，又能享受微辣的辣椒香味！

小贴士 也可以用牛油果、苹果、芒果等当季的水果代替西洋梨。

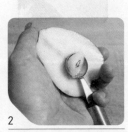

2

西洋梨削皮后切半，将籽挖出来。

3

切掉蒂。

4

切丁后泡在水里，可避免变色。

5

6

将圣女果或牛番茄切成丁。

紫洋葱切丁，不用泡水，除非你很不喜欢洋葱味。

小贴士 紫洋葱的味道比较温和，如果用黄洋葱，还是先泡水比较好。

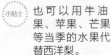

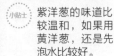

7

香菜切成末。

8

蒜头切成末。

小贴士 不加也可以。

9

辣椒切圆片。

小贴士 如果不喜欢太辣，先将中间的籽用竹签挖出来再切。

10

切好的材料全部放进碗里。

小贴士 看起来好像只是把蔬菜丁混合起来，但只要静置一会，出水后就会有酱汁的感觉！

小贴士 这种酱汁淋在煎鱼或鸡肉上也很好吃！

11

加入盐和黑胡椒。

12

加入一点酱油。

小贴士 加入鱼露（Nam Pla）也很不错哦！

13

挤入柠檬汁后搅拌均匀，基本上莎莎酱就已经完成了！

14

这次我要做的沙拉有墨西哥前菜的风格。盘子上铺上切丝的莴苣。

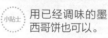

15

上面放喜欢的墨西哥饼。

小贴士 用已经调味的墨西哥饼也可以。

16

撒上喜欢的奶酪，这次我用的是莫勒瑞拉和巧达的奶酪条。

小贴士 当做沙拉或下酒菜都很适合。

 小贴士 如果有烤箱，可以把墨西哥饼放在耐热盘子上，淋上莎莎酱，再撒上奶酪条后，放入烤箱加热至奶酪融化。

• 不需要开火就可以制作的小菜

生三文鱼片 佐 山葵酱

SALMON SASHIMI CARPAMLIO WITH WASABI SAUCE

▪ 分量	**1**	人份
▪ 烹调时间	**5**	分钟
▪ 难易度	★★☆☆	
▪ 便当入菜	No	

想吃生鱼片但又不想用普通的方式直接吃？
或买了太多生鱼片不知道该怎么处理？这次
我介绍一道比较有西洋感觉的生鱼片前菜。
我们都知道生鱼片与酱油、芥末是最佳组
合，所以这部分不要乱改，但可以稍微加一
点不一样的味道。巴萨米克醋的酸味和酱油
很对味，加入香菜一起拌一下，让香味更丰
富！这种做法也可以用在其他生鱼片上，如
金枪鱼、旗鱼等都很适合！当然我会顺便介
绍生鱼片的处理方式，如果你在市场看到分
量太多的整条生鱼片，但又犹豫要不要买，
可以参考哦！

材料
Ingredients

生三文鱼
SASHIMI GRADE SALMON —— 60～80g

香菜 CILANTRO —— 1把

山葵 WASABI —— 1/2小匙

酱油 SOY SAUCE —— 1小匙

巴萨米克醋 BALSAMIC —— 1/4小匙

盐、黑胡椒
SALT & BLACK PEPPER —— 各适量

伊薇橄榄油
E.V. OLIVE OIL —— 1/2大匙

1

将可生食的三文鱼片切成
薄片。

（小贴士）确认你的生三文
鱼是新鲜的，而
且是"可生食"
的哦！

（小贴士）切生鱼片的要点
1：从刀子的根
部（靠近把手的
一端）往前用力。

2

切好的鱼片移至左侧，排
列起来。

（小贴士）切生鱼片的要点
2：切好的生鱼
片不要乱放，排
列整齐。

3

移动时，用刀子或筷子从
鱼片的下面插入挑起。

（小贴士）如果要装盘直接
吃，直接将鱼片放
在萝卜丝上。

（小贴士）不要总是碰鱼片，
防止新鲜度流失！

4

如果买了一整条生鱼，一
次吃不完，可以参考以下
介绍的冷冻方式保存！将
鱼片用纸巾或干净纱布包
起来。

（小贴士）切过的（没有
皮）鱼肉容易出
水，让鱼片很快
变质，用纸巾吸
收水分，可以放
久一点。

5

连同纸巾用保鲜膜包好，
或放入密封袋里。

6

上面注明是什么鱼和包起
来的日期，可以冷冻保存
1星期左右。使用之前，
放入冷藏室慢慢解冻。记
得解冻后的鱼片要加热后
才能吃哦！煎或炸都可以！

7

将香菜洗净，切掉茎。

8

顺便介绍一下香菜怎么保存吧！用湿纸巾把根包起来（不要碰到叶子），放回原来的包装袋里包起来就可以了。

 重点是叶子不要碰到水，否则容易黑掉。

9

准备纸模。喝完的牛奶盒洗净后拆开，剪出一条带状。

 做纸模的步骤可以自行选择，如果不想那么麻烦，把鱼片直接装在盘子上也可以。

10

圈成圆环后，放在盘子上测一下纸模的大小。

11

用钉书机钉起来。

12

准备酱汁。将新鲜山葵磨成泥。

 用黄芥末籽酱代替山葵也很好吃！

13

将山葵、酱油、巴萨米克醋、盐、黑胡椒和伊薇橄榄油全部混合。

 这个调味料的分量是参考的，可以根据自己的喜好调整哦！

14

在切好的鱼片、香菜里加入调好的酱汁，轻轻拌匀。

 鱼片容易碎掉，要小心！

15

如果准备了纸模，就将纸模放在盘子上，里面放入香菜。

16

上面放三文鱼片，重复放香菜、三文鱼，总共4层。

17

装好后，拿掉纸模，旁边淋上剩余的酱汁。

 没有纸模也不用烦恼！摆成自己喜欢的样子就可以！

味噌风味
㊗ 核桃圆白菜

MISO FLAVORED STIR FRIED CABBAGE AND WALNUT

- 分量 **1** 人份
- 烹调时间 **5** 分钟
- 难易度 ★★☆☆
- 便当入菜 **Yes**

圆白菜的应用方式很多，而且价格不贵。台湾的圆白菜很甜很脆，我很喜欢吃。有时候半夜肚子饿时，我会直接拿出来撒盐或蘸味噌当宵夜吃。其实本身就非常好吃的圆白菜，不需要太复杂的调味就可以做成美味的料理！这次我用了很简单的设计，另外搭配了核桃。核桃的营养丰富，而且它的香味与圆白菜的甜味及酱油都很对味！

材料
Ingredients

圆白菜 CABBAGE —3片
核桃 WALNUTS —20g
香菜 CILANTRO —1把
[调味料]
砂糖 SUGAR —1.5小匙
酱油 SOY SAUCE —1大匙
清酒 SAKE —1大匙
水 WATER —1/2大匙

1
圆白菜切成容易入口的大小。

2
核桃切碎。

3
调味料混合均匀。

4
切好的核桃放入锅子里，用小火干炒至香味和油分出来。

5
放入圆白菜，用中火继续炒至稍微变软一点。

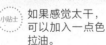
小贴士 如果感觉太干，可以加入一点色拉油。

6
倒入调好的酱料。

7
香菜叶子撕下来直接放入锅子里。

8
炒到酱汁浓稠的样子时熄火！

小贴士 直接吃或配米饭都很好！

佃煮海苔 & 金针菇
拌 牛油果

▪ 分量	**2**	人份
▪ 烹调时间	**5**	分钟
▪ 难易度	★★☆☆	
▪ 便当入菜	Yes	

ENOKI & AVOCADO WITH NORI SAUCE

在日本经常吃这种海苔酱，配饭超级美味。一般直接盖在米饭上吃，如果没有时间准备料理，它还可以变成很棒的配菜！最简单的是加入其他食材一起煮熟。食材的部分可以选择水分不多、不容易煮碎的，金针菇就是很好的选择，与海苔酱很对味，加上菇类特有的清脆口感更好吃！我还选择了牛油果，牛油果的鲜嫩口感与海苔酱非常适合！不仅铺在米饭上，与欧姆蛋一起吃也很好，只要买一小罐海苔酱，就可以享受很多变化！

材料
Ingredients

海苔酱 SEASONED SEAWEED PASTE —1大匙
清酒 SAKE —2大匙
水 WATER —2大匙
金针菇 ENOKI MUSHROOMS —1包
牛油果 AVOCADO —1个

1

超市买来的海苔酱。

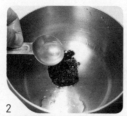

2

海苔酱放入锅子里，加入清酒和水。

3

搅拌均匀后，开小火煮。

4

金针菇切成段。

5

放入海苔酱里。

6

金针菇变软后熄火，倒出来冷却。

小贴士 这种酱可以多做一点，放入冰箱冷藏保存，可存放3~4天，不仅配饭，加入另外准备的日式高汤冰块做成汤也很好喝！

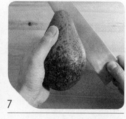

7

这次我决定与牛油果混合使用！牛油果怎么切？将刀子从侧面切进去，划一圈。

8

下面和上面逆向转动，让牛油的果肉和种子分开。

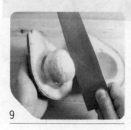

9

将刀子切进种子表面，转一下，取出种子。

10

把皮剥下来。

 小贴士 剩余的包起来放入冰箱。

11

切成小块后，与海苔金针菇酱稍微拌一下，放在米饭上面。

MASA的料理手帖
Tips

请注意！与牛油果混合后，不能保存太久，因此要取适量的食材混合！

奶油＋酱油
炒 茭白 & 秋葵

▪ 分量	**1**	人份
▪ 烹调时间	**5**	分钟
▪ 难易度	★★☆☆	
▪ 便当入菜	Yes	

OKURA & MANCHURIAN WILD RICE WITH SOY SAUCE BUTTER

我最喜欢的茭白料理是用炭烤的方式，外面有一点焦，但里面很嫩。不过在家里很难制作，没关系！其实我们在家里还是可以享受香喷喷的茭白，只要用奶油简单炒一下，味道就非常香。再加入一点酱油，它的味道也很棒！这是我平常炒菇类时最常用的方法，不同的季节搭配当季的蔬菜来炒就很好吃！这次加入秋葵，营养更多！做法很简单，看看附近的市场卖什么蔬菜，买回来做做看吧！

材料
Ingredients

秋葵 OKURA ——8~10支
茭白 MANCHURIAN WILD RICE STEM ——1支
奶油 BUTTER ——1小匙
酱油 SOY SAUCE ——1/2小匙
盐、黑胡椒 SALT & BLACK PEPPER ——各适量

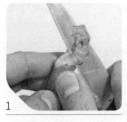

1

将秋葵的蒂削成铅笔状。

小贴士 蒂的部位含有很多营养素，最好保留。

2

如果削铅笔的动作不太熟练，可以用削皮刀处理。

3

秋葵表面撒一点盐，滚动一下，把细毛刮掉。

4

将秋葵用水冲洗干净，切成小块。

5

将茭白的皮剥掉。

6

下端有很多纤维，稍微削一下。

7

切半。

8

切成小块。

9

半底锅放入奶油，开中火熔化后，放入茭白，炒至表面有一点金黄色。

10

放入秋葵继续炒。

11

加入酱油、盐和黑胡椒，调整味道。

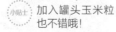

小贴士 加入罐头玉米粒也不错哦！

简单快速
和风咖喱麻婆豆腐

EASY ETEP JAPANESE STYLE MOBO TOFU CURRY

▪ 分量	**1**	人份
▪ 烹调时间	**5**	分钟
▪ 难易度	★★☆☆	
▪ 便当入菜	Yes	

咖喱料理5分钟内做出来？当然可以！只要善用各种食材的优点、切割方式与烹调方法就没问题。平常炖煮类料理最难熟的是肉块，所以用肉泥就可以解决这个问题，容易熟也很快入味。虽然用到很多蔬菜需要花一点时间处理，但可以轻易做出很有满足感的一道单品料理（也可以淋在米饭上），这里我决定加入豆腐一起煮，肉泥与豆腐最适合的料理当然就是麻婆豆腐！调味的部分我不仅用了咖喱，还加入一点柴鱼片，煮出来的味道很有日式的感觉。柴鱼的风味和咖喱香味很搭配，如果你的时间很少，又想快速吃到味道不错的咖喱饭，一定要试试看哦！

材料 Ingredients

嫩豆腐 SILK TOFU —1/2盒
洋葱 ONION —1/4个
色拉油 VEGETABLE OIL —少许
猪肉泥 GROUND PORK —50g
咖喱粉 CURRY POWDER —1/2大匙
水 WATER —100mL
柴鱼片 SHREDDED BONITO —3g
酱油 SOY SAUCE —1小匙
味醂 MIRIN —1小匙
砂糖 SUGAR —1/2小匙
淀粉 TAPIOCA STARCH —1/2大匙
水 WATER —1/2大匙

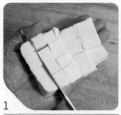

1

将豆腐切成小方形。豆腐如何取出可参考P.13。

小贴士 在手上切比较方便移动，可以直接放入锅子或容器里，如果不习惯，在砧板上慢慢切也可以！

2

洋葱切成小丁。

3

锅子开中火，加入一点油，放入洋葱，炒至透明。

4

放入猪肉泥，炒至变色。

5

放入咖喱粉，炒出香味。

6

倒入水。

7

放入柴鱼片。

小贴士 加入柴鱼片，可以享受日式高汤的风味！

8

加入酱油、味醂和砂糖。

9

放入切好的豆腐再煮1~2分钟，让豆腐稍微吸收汤汁。

10

熄火，倒入水淀粉搅拌均匀，再开中火，汤汁黏稠后就可以装盘了！

小贴士 先熄火再倒水淀粉，在沸腾的汤汁里倒入水淀粉容易结块！

酱烧梅花肉 & 煎山药

STIR FRIED PORK WITH JAPANESE YAM

- 分量 **1** 人份
- 烹调时间 **5** 分钟
- 难易度 ★★☆☆
- 便当入菜 Yes

介绍一道可以当配饭或下酒菜的料理！腌过的肉片非常入味，只要开大火快炒一下就非常香。但这种腌过的肉味道会稍微重一点，搭配喜欢的蔬菜一起食用会更清爽。平常我会用莴苣包起来吃，感觉像是在烧肉店用餐。当然也可以用不同的蔬菜，但是蔬菜本身的味道不要太重。日本山药就是很好的选择，直接做成沙拉类，可以享受它脆脆的口感，也可以磨成泥后放入肉泥里加热，享受松软的口感！这次我要用煎的方式，切片后，表面煎一下，可以享受表面松软（熟），里面脆脆（生）的美妙口感！上面放上香喷喷的烧肉，简单又美味，也很有营养哦！

材料 Ingredients

日本山药 JAPANESE YAM —3片
梅花肉 SLICED PORK —100g
酱油 SOY SAUCE —1大匙
清酒 SAKE —1大匙
味醂 MIRIN —1大匙
白芝麻 WHITE SESAME —适量
葱花 CHOPPED SCALLIONS —适量

1

山药削皮后，切成1cm左右厚的片。

2

泡在水里可避免变色，同时去掉多余的淀粉。

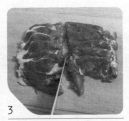

3

梅花肉切成容易入口的大小。

小贴士 用五花肉或牛肉片也可以哦！

4

酱油、清酒、味酥混合均匀。

5

放入肉片拌匀，腌约10分钟。

6

不粘平底锅开中火，倒入一点油，放入山药，煎至金黄色。

小贴士 虽然用不粘锅加热，山药还是容易粘住，加入一点油比较好处理！

7

煎好后，盛到盘子上。

小贴士 不用煎到很熟，有一点脆脆的程度比较好吃哦！

8

锅子不用洗，用湿布或纸巾擦干净就好了。

9

锅子开中火，放入腌好的肉片。

10

炒熟后，放在煎好的山药上，撒一点白芝麻和葱花就可以上菜了！♪

黄芥末籽酱 炒 虾仁

▪ 分量	**1**	人份
▪ 烹调时间	**5**	分钟
▪ 难易度	★★☆☆	
▪ 便当入菜	Yes	

STIR FIRED PRAWNS WITH DIJON MUSTARD SAUCE

虾仁是很方便的海鲜食材，不用特别处理可以直接使用，制作快速料理时很适合。平常我会搭配其他食材，但这次我特意为爱吃虾仁的人做了一番设计，简简单单就可以享受这道料理！用白酒焖过的虾非常香，而且黄芥末籽酱的微酸味与香菜的香味非常适合！这种料理就算凉了也很美味，应用的方式很多。可以装在大盘子上做成聚会时的小点心，也可以放在沙拉上或包在欧姆蛋里，还可以放在面包上，上面放一点披萨奶酪烤一下，都很美味。如果要再豪华一点，可以加入干贝或墨鱼，更美味哦！

材料
Ingredients

虾仁 PEELED PRAWNS —5或6个
盐、黑胡椒 SALT & BLACK PEPPER —各适量
高筋面粉 BREAD FLOUR —约2大匙
橄榄油 OLIVE OIL —2小匙
白酒 WHITE WINE —1大匙
黄芥末籽酱 DIJON MUSTARD —1小匙
香菜 CILANTRO —少许

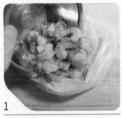

1

虾仁放入袋子里。

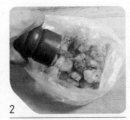

2

撒上盐和黑胡椒。

 也可以选择自己喜欢的味道，例如加入咖喱粉、辣椒粉或五香粉等。

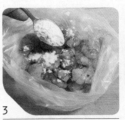

3

加入高筋面粉。

 用高筋面粉可以蘸裹得比较均匀。

4

捏紧袋口摇一摇，让每个虾仁蘸到面粉。

5

看！每个虾仁都白白的了！

6

放入网筛里，去掉多余的面粉。

7

平底锅开中火，倒入橄榄油，放入虾仁。

8

炒至表面变色。

9

倒入白酒。

 也可以用清酒。

10

熄火，放入黄芥末籽酱。

黄芥末籽酱加热后容易挥发，味道变淡，因而要先熄火再加入。

如果没有黄芥末籽酱，用蛋黄酱代替也很好吃！

11

放入喜欢的香草类，我用的是香菜。

 做法很简单，还可以加入蔬菜类，如鸿禧菇、芦笋等都很适合！先把蔬菜炒熟，再放入虾仁，依同样的步骤处理就好了！

脆脆土豆
明太子沙拉

CRISPY POTATO SALAD WITH MENTIKO

▪ 分量	**1**	人份
▪ 烹调时间	**5**	分钟
▪ 难易度	★☆☆☆	
▪ 便当入菜	Yes	

听到明太子土豆沙拉，是不是马上就会联想到把土豆打碎做的那种？但名字里面还有脆脆.其实土豆还有很多变化，这次我用烫的方式加热。烫过的土豆怎么会熟？别担心，我是切成薄片后再烫的。加上明太子和紫苏叶拌匀，味道非常清爽。因为土豆薄片烫的时间不是很久，虽然已经熟了，但还留有一点脆脆的口感。来！让我们一起来品尝与平常吃的不太一样的明太子土豆沙拉！

材料 Ingredients

土豆 POTATO —1个
白醋 RICE VINEGAR —1大匙
砂糖 SUGAR —2~3小匙
明太子 MENTAIKO —1片（15g）
紫苏叶 OBA LEAVES —2片
水菜 MIZUNA —1/2把
海苔丝 SHREDDED SEAWEED —少许

1

这次我要让明太子和土豆！土豆削皮后，再继续用削皮刀削出土豆薄片。

小贴士 用削皮刀可以比较快速地削出厚度均匀的土豆薄片。

88

2

中间的部分不好削，用刀子切片。

3

土豆片用水泡一下，洗掉淀粉。

4

放入沸水里烫一下。

小贴士 不要煮软，留有一点脆脆的样子就捞出来哦！

5

不用放入冰水里，直接放在网筛里冷却就好了。

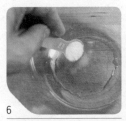

6

准备酱汁。碗里放入白醋和砂糖。

7

加入处理好的明太子搅拌均匀。

小贴士 明太子的处理方式参考P.15。

8

将冷却好的土豆放在纸巾上，吸收多余的水分。

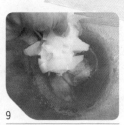

9

放入调好的明太子酱汁里。

10

紫苏叶与明太子很搭配。

小贴士 如果没有，可以用香菜代替。

11

把叶子卷起来，切成丝。

12

水菜洗净后切成段。

12

将切好的食材全部混合，搅拌后装盘，上面可以放一点海苔丝。

柴鱼酱油漬
鸿禧菇 & 甜椒沙拉

SOBA SAUCE MARINATED MUSHROOMS & BELL PEPPERS

▪ 分量	**2** 人份
▪ 烹调时间	**10** 分钟
▪ 难易度	★★☆☆
▪ 便当入菜	Yes

如果想做大量可以保存久一点的前菜，我会建议做成腌渍类，因为这种料理放越久越入味。日本料理也有类似的食物，叫做"渍物"（つけもの，Tsukemono），但日本的渍物有一点咸，不能算是前菜，只能说是配饭的食物。这次我要介绍的是日式和西洋混合的料理！腌渍的部分用的是柴鱼酱油，它的味道非常适合做这种腌渍物，不会很咸，还有丰富的柴鱼风味。另外我还加了黄芥末籽酱，它的微辣和酸味与酱油很搭配。至于蔬菜，我选择即使腌很久也可以保持口感和色泽的甜椒和鸿禧菇。做法非常简单，一次可以多做一点冰起来，随时拿出来装盘，就可以多一种漂亮的彩色！

材料 Ingredients

红甜椒 RED BELL PEPPER —1/2个
黄甜椒 YELLOW BELL PEPPER —1/2个
鸿禧菇 SHIMEJI MUSHROOMS —1包
柴鱼酱油 SOBA TSUTU —3大匙
黄芥末籽酱 DIJON MUSTARD —2小匙
香菜 CILANTRO —适量

1

把甜椒的蒂和籽去除。

2

里面白色的部分切掉。

3

切成容易入口的大小。

4

鸿禧菇的根部切掉。

5

用手撕散。

6

甜椒放入沸水中烫1～2分钟。

小贴士 加热的时间根据自己想要的口感调整，如果喜欢软一点的，可以煮久一点！

7

捞出来冷却。

8

鸿禧菇也同样烫一下（1～2分钟）。

9

烫好后，放入网筛里放凉。

小贴士 菇类不要放入冰水里冷却哦！它与海绵一样容易吸收水分，烫好后立即放入网筛里，蒸发掉多余的水分，待冷却。

10

调味料的部分超级简单！只要将柴鱼酱油和黄芥末籽酱混合均匀就好了！

小贴士 黄芥末籽酱可以代替白醋的酸味，如果没有黄芥末籽酱，也可以加入一点柠檬汁！

11

放入冷却的蔬菜拌匀。

12

放入喜欢的香草类，这次我加入了切末的香菜。

MASA的料理手帖
— Tips —

这种凉拌菜可以放3～4天，让味道充分渗入蔬菜里！如果做很多，可以放入保鲜盒里，再放进冰箱冷藏保存。放在生菜上制作沙拉，或放在嫩豆腐、芙蓉豆腐上面做成前菜也很好吃！

牛肉 & 牛蒡**时雨煮**

BEEF AND BURDOCK ROOT SHIGURENI

▪ 分量	**2**	人份
▪ 烹调时间	**20**	分钟
▪ 难易度	★★★☆	
▪ 便当入菜	Yes	

看到这个名字一定会有一个疑问，什么是"时雨煮"（**しぐれに**，Sigureni）？这是一种加入姜做成的煮物料理，特别是煮牛肉料理时常会用到它。来源很多，我也不太确定，所以就不特别详细说明了，做牛肉料理时如果不想太复杂，也不想用太多食材，这道就很适合！可以一次多做一点冷藏保存，随时从冰箱拿出来使用很方便。因为菜和肉都很入味，配米饭很好吃，放入便当盒里也很适合！当然你不一定要用牛肉，换成猪肉片也可以，所以不喜欢吃牛肉的朋友们也可以享受这道"时雨煮"料理！

材料 Ingredients

牛蒡 BURDOCK ROOT —50g
姜 GINGER —3g
牛肉 BEEF RIBS' BONELESS —100g
色拉油 VEGETABLE OIL —1小匙
白芝麻 WHITE SESAME —少许
葱花 CHOPPED SCALLIONS —少许（装饰）

[调味料]

水 WATER —3大匙
清酒 SAKE —2大匙
酱油 SOY SAUCE —1大匙
味醂 MIRIN —1大匙

1

用刀背刮掉牛蒡的表皮。

小贴士 牛蒡的皮含有很多风味和营养，皮不用去太厚哦。

2

在牛蒡的表面切很多线。

小贴士 不用切很深，一边转一边切。

92

3

将刀子斜放，一边转一边像削铅笔一样削成丝。

4

削好的牛蒡马上放入水中，可以避免变色。

小贴士 不用放入盐或醋，普通的水就可以!

5

姜的表面凹凸不平，可以用小汤匙轻刮表面，去掉皮。

小贴士 姜的分量可以自己调整，如果不喜欢吃姜，不加也可以!

6

先切成薄片，再叠起来切成丝。

7

牛肉切丝，不要太细。

小贴士 梅花肉也很适合哦!

8

把调味料放入容器里混合均匀。

9

炒锅开中火，倒入一点油，再放入沥干的牛蒡，炒至变色。

小贴士 泡过的牛蒡一定要沥干，不然炒的时候易出水。

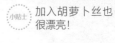

10

加入姜丝继续炒一下。

小贴士 加入胡萝卜丝也很漂亮!

11

倒入混合好的调味料。

12

用小火煮至水分变少，牛蒡变软。

13

放入切丝的牛肉煮一下，牛肉变色后，撒一点白芝麻拌匀，熄火。

MASA的料理手帖
Tips

热的、冷的都可以吃，装在便当盒里也很适合。多做一点放入保鲜盒，放进冰箱冷藏保存2~3天!

焖烧锅
红酒味噌 ㊉ 牛肉

RED WINE & MISO STEWED BEEF

- 分量 **4** 人份
- 烹调时间 **35** 分钟
- 难易度 ★★★ ☆
- 便当入菜 Yes

接下来介绍一道超级简单又美味的炖菜！做炖菜时常会花很多时间，但这次介绍用焖烧锅制作，就不用烦恼边煮边搅拌了，煮好后倒进保温容器里，就可以做别的事了！这次红酒炖肉我用了一点法国料理的做法，但调味的部分另外加了味噌！红酒和味噌都是发酵过的食材，混在一起用不会冲突。炖菜的好处是一次可以做很多，冷冻起来。之前听专门煮咖喱的大厨说过，冷冻过的酱汁比较好吃，我也同意！还有，这道菜也不一定要用牛肉，换成猪肉也可

以！不喜欢吃牛肉的朋友们，千万不要放弃这道美味料理哦！

材料 Ingredients

洋葱 ONION —1/2个
胡萝卜 CARROT —100g
蘑菇 MUSHROOMS —8~10个
蒜头 GARLIC —2或3瓣
牛肋条 BEEF FINGER RIBS —500g
盐、黑胡椒 SALT & BLACK PEPPER —各适量
高筋面粉 BREAD FLOUR —2~3大匙
奶油 BUTTER —2~3小匙
红酒 RED WINE —150g
水煮番茄（罐头）CANNED TOMATO —400g
（放入果汁机打成泥）
番茄酱 KETCHUP —2~3大匙
味噌 MISO —1~1.5大匙
迷迭香 ROSEMARY —适量（装饰）

1

洋葱顺纹切。

 因为这次我要保留它的口感,顺纹切不容易煮碎!

2

胡萝卜滚刀切成小块。

 小块比较容易煮软。

3

蘑菇切片,蒜头切末。

4

牛肋条切成小块。

 牛肋条是肋骨旁边的肉,含有脂肪和筋,加热很久也不会碎掉,可以享受嫩嫩的口感,很适合做炖肉!

5

放入塑料袋里,撒上盐和黑胡椒。

6

放入高筋面粉。

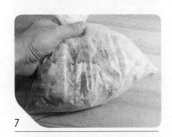

7

捏紧塑料袋,摇一摇,让面粉裹匀。

 用塑料袋可以快速蘸裹面粉,而且很均匀!
^^v

8

这次我用焖烧锅做炖肉!开中火加热,加入奶油后,放入牛肉块。

9

炒至表面变成金黄色。

10

加入蘑菇、胡萝卜、蒜头和洋葱。

11

炒出蒜头的香味，洋葱变成透明。

12

倒入红酒，煮5分钟左右，让酒精蒸发。

13

放入预先用果汁机打成泥的水煮罐头番茄。

小贴士　也可以将番茄用手直接抓碎放入锅子里！

14

煮沸后调小火，继续煮15分钟或更长的时间。

15

15分钟后，放入调味料和番茄酱。

16

加入味噌。

小贴士　味噌和红酒都是发酵食品，莫名地速配！

小贴士　这次我用的是红味噌，你可以用自己家里现有的味噌！

17

加入味噌、盐和黑胡椒调味。

18

把锅子放入焖烧锅里，盖上锅盖，焖30分钟或更久的时间。

小贴士　本来用味噌不能煮太久，但用焖烧方式加热，可以留住味噌的风味！

MASA的料理手帖 Tips　吃剩的红酒炖牛肉冷却后，可以放入保鲜盒，再放进冰箱冷藏保存，可以存放3～4天，也可以放入密封袋冷冻起来，可以存放3～4星期哦！

• 可以大量制作的小菜

土豆 & 地瓜沙拉

MIXED POTATO SALAD WITH BACON & NUTS

- 分量 **6** 人份
- 烹调时间 **20** 分钟
- 难易度 ★★☆☆☆
- 便当入菜 **Yes**

土豆沙拉算是前菜，可加入小黄瓜、胡萝卜、洋葱等，但这次我要介绍的土豆沙拉，要如何变化呢？因为土豆本身的味道比较淡，所以可以搭配很多不同口味的食材。这次我要设计一道吃起来比较有满足感的料理，于是决定加入地瓜。地瓜的甜味与土豆混合非常棒！另外我加入了脆脆香香的培根和蒜头，本来味道比较低调的土豆沙拉马上变得很有存在感！直接吃或夹在吐司面包里做成三明治都很好吃！

材料 Ingredients

地瓜 SWEET POTATO —— 2个
土豆 POTATO —— 2个
核桃 WALNUTS —— 20g
培根 BACON —— 3片
蒜头 GARLIC —— 2瓣
蛋黄酱 MAYONNAISE —— 3～4大匙
盐、黑胡椒 SALT & BLACK PEPPER —— 各适量
欧芹 PARSLEY —— 少许

1
地瓜削皮后，切成小块。

🔵 小贴士 地瓜用的是红瓤地瓜，黄色的也可以哦！

2
土豆削皮后，切成小块。

3
泡水，去掉多余的淀粉。

4
锅子里放入地瓜和土豆，加水后开大火，煮沸后转中小火，煮熟。

🔵 小贴士 **Q**：蔬菜从冷水开始煮比较好，还是从热水开始煮比较好？

A：如果蔬菜是在土里面生长的（如土豆、胡萝卜、牛蒡等）就要从冷水开始煮；如果蔬菜是在土上面生长的（如豆类、叶子类等）就要从热水开始煮。

5
煮土豆时，可以准备其他的食材。这次我用的坚果类是核桃！

🔵 小贴士 坚果类可以冷藏保存很久（2~3个月），多买几种，做料理时随手取用，可以多加一种香味和口感，当然营养也加倍！

6
放入预热好（上下火200℃）的烤箱，烤出香味来（4~5分钟）。

🔵 小贴士 用锅子干炒也可以。

🔵 小贴士 因为加热之后的坚果比较容易劣化，所以只加热要用的分量就可以。

7
用刀子切成小块。

 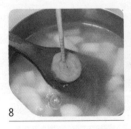 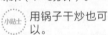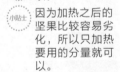 

8
回到锅子，用筷子插下试试地瓜和土豆有没有熟。

9
用网筛全部捞出来，放入碗里。

10
用擀面棍、空瓶或木头汤匙敲碎后，放置待冷却。

🔵 小贴士 不用太细，留有一点块状口感比较好。

🔵 小贴士 冷却后才可以放入蛋黄酱等含有油分的调味料。

11

准备培根和蒜头片。将培根切成小块。

12

蒜头切成薄片。

13

培根放入平底锅，用小火慢慢炒，让油分出来。

14

锅子拿斜一点，让油分和培根分开，先将培根夹出来，放入网筛里。

15

将蒜头片放入培根的油里。

 不用另外准备炸油，用培根的油（猪油）炸的蒜头超级香！

16

炸至金黄色，倒入网筛里滤掉油分。

17

用纸巾包起来，从上方轻压，吸收多余的油分。

18

一次多做一点，装在容器内，可以放入冰箱冷藏保存1~2星期。

 撒在沙拉、意大利面、意大利炖饭类，或放入汉堡肉馅里都很好用！

19

冷却后的土豆、地瓜里放入培根、蒜头片、蛋黄酱和烤好的核桃。

 分量可以自己调整。

20

先尝味道，再加入盐和黑胡椒调整，装盘后，上面可以撒一点切末的欧芹或香菜。

MASA的料理手帖
Tips

没吃完的沙拉，可以装在密封容器内，放入冰箱冷藏保存4~5天！

香味野菜
橄榄油封煮鸡腿

HOME MADE CHICKEN CONFIT

▪ 分量	**4**	人份
▪ 烹调时间	**2**	小时
▪ 难易度	★★★★	
▪ 便当入菜	Yes	

哇！很特别的烹饪方式来了！法国料理中有一种方法较容易保留食材的美味，就是把腌过的肉块放入猪油里，用低温慢慢加热，这种方法叫"confit"，主要目的是封住肉汁。用大量的油加热做出来的肉听起来感觉很油腻，但其实是相反的。用油加热的肉本身油分容易分离出来，这样做出来的肉块油分反而不会很多！而且吃之前会进行第二次煎或烤的步骤，会将多余的油分释放出来，变成表面香脆，内里软嫩多汁。这次猪油的部分我用了橄榄油代替，腌渍过后的橄榄油味道很棒！而且加入了香草、

材料
Ingredients

带骨鸡腿肉
BONE-IN CHICKEN THIGH —4个（560g）
盐 SALT —5g
迷迭香 ROSEMARY —1或2支
蒜头 GARLIC —3或4瓣
红葱头 SHALLOTS —4或5瓣
月桂叶 BAY LEAVES —2或3片
橄榄油 OLIVE OIL —300mL（如果没那么多橄榄油，用一半普通色拉油也可以）
土豆 POTATO —1个
胡萝卜 CARROT —1根
盐、黑胡椒 SALT & BLACK PEPPER —各适量
西兰花 BROMLOLIS —8～10朵

蒜头、红葱头等，味道超香，还可以利用它做成其他的料理！

1

先测一下鸡腿肉总量，这次我买了一包，里面有4个鸡腿，总重量约560g。

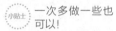 一次多做一些也可以！

2

盐大约是肉的重量的1%，所以加入5.5g的盐。把鸡腿肉放入袋子或保鲜盒里，加入盐。

3

放入迷迭香。

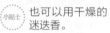 也可以用干燥的迷迭香。

4

抓揉一下。

5

将袋子或保鲜盒封起来，放入冰箱冷藏放置一天，让盐浸透到肉里面。

6

准备佐料。将蒜头用刀面拍扁，把表皮去掉。

7

红葱头去皮后，切成片。土豆和胡萝卜也切片。

8

将腌好的鸡腿肉取出来，擦掉表面的水分。

9

看看家里有什么合适的耐热容器，我用了磅蛋糕的模具。

 可以用焗烤的容器，只要能淹没肉的深度就可以。

10

容器里面铺一张烘焙纸。

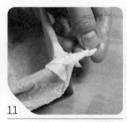

11

为避免烧焦，边角多余的部分要卷起来。

12

将腌好的鸡腿肉放入容器里。

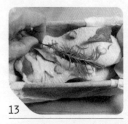

13

放入蒜头、红葱头、迷迭香和月桂叶。

14

倒入耐热橄榄油。

 小贴士 如果没有那么多橄榄油，加一半普通色拉油也可以。

15

确认肉淹没在油里。

 小贴士 因为要用低温一点（70～80℃）的油封起来慢慢加热，才能做出超级嫩与多汁的鸡肉！

16

放入预热好（上下火120℃）的烤箱，烤约2小时！

 小贴士 时间很久，但温度不是很高，所以电费应该还好吧！

17

时间到了！超级香！让它在油里直接冷却，封住味道。

 小贴士 最好隔天再吃，让肉块更好入味。

18

怎么吃？很简单！从油里拿出来，放在烤盘上，顺便一起烤配菜也很方便！

19

配菜上可以淋一点橄榄油渍液，再撒一点盐和黑胡椒。

20

放入预热好（上下火200℃）的烤箱，烤至表面金黄色就好了。

 小贴士 用平底锅煎也可以，开中火，煎至表面金黄色就好了！

MASA的料理手帖
—— Tips ——

没用完的油渍鸡肉放入冰箱冷藏保存，可以存放1～2星期。橄榄油渍液很香，做料理时可以代替色拉油使用哦！

● 可以大量制作的小菜

营养美味!
甜菜根浓汤

HEALTHY BEETS POTAGE

▪ 分量	**2**	人份
▪ 烹调时间	**20**	分钟
▪ 难易度	★★★☆	
▪ 便当入菜	Yes	

煮蔬菜浓汤时，我不仅重视味道，还会特意搭配蔬菜的颜色，南瓜、胡萝卜、牛蒡、毛豆等都很漂亮。最近去超市时，看到一种颜色很特别的蔬菜叫"甜菜根"，相信各位读者买到这种蔬菜也不困难，所以书上介绍这种菜应该也不会有问题吧！在超市，脑袋里开了个小会后，我决定用它煮浓汤，因为颜色的关系，看到这种浓汤的印象应该会很深刻。结果味道出乎意料的温和，没有任何蔬菜可以比拟这种甜味！有人说它是可以喝的血汤！而且里面含有很多营养素，包括磷、钾与铁等，一次多做一点，冷冻保存也很方便。它不仅可以做成浓汤，还可以做成许多更美丽、更美味的料理哦！

材料 Ingredients

法国面包 FRENCH BREAD —2片
欧芹 PARSLEY —少许（装饰）

[甜菜根浓汤]

甜菜根 BEET —300g
洋葱 ONION —1/2个
盐 SALT —少许
水 WATER —300mL
牛奶 MILK —100～150mL
盐、黑胡椒 SALT & BLACK PEPPER —各适量
鲜奶油 WHIPPING CREAM —少许

1

甜菜根的皮削掉。

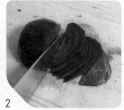

2

切成薄片。

3

洋葱逆纹切薄片。

小贴士 逆纹是为了把纤维切断，加热时洋葱的甜味容易出来。

4

锅子开中火，倒入一点油，把切好的洋葱放入锅子里。

5

加入一点盐，可以加快洋葱的脱水！

 小贴士 这不是为了调味，加入一点就够了。

6

炒至透明后，放入切成薄片的甜菜根。

7

炒出香味来。

8

倒入水，煮至甜菜根变软。

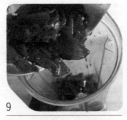

9

将煮软的甜菜根放入果汁机里打成泥。

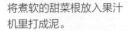

小贴士 注意！温度很高的食材放入果汁机搅打，容易喷溅，因此盖起来后，上面再盖一块布比较安全！

10

将大概一半的量倒入锅子里。

小贴士 可以自己控制量。

11

由于甜菜根泥很浓稠，果汁机里面会剩余很多菜渣，将材料中的牛奶（100mL左右）倒入果汁机里冲一下，再倒入锅子里。

12

加入盐和黑胡椒调整味道。

13

如果浓汤表面要用鲜奶油装饰，将鲜奶油的包装盒剪掉一点角。

14

绕圈淋在浓汤上面。

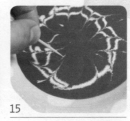

15

用牙签画花纹。最后将面包切小丁、欧芹切末，撒上即可。

小贴士 怎样画都可以！开心就好了！♪

MASA的料理手帖
Tips

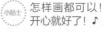

❶ 另外一半甜菜根怎么处理呢？冷却后装在密封袋里，放进冰箱冷藏，可以存放3～4天，冷冻可以存放3个星期左右。

❷ 装在制冰盒里也很方便！下次再做浓汤或做其他料理（参考P.112圆白菜＆培根甜菜根意式炖饭、P.117胡萝卜＆南瓜＆酱油三色奶油饭）时使用。

蔬菜泥 & 鸡腿咖喱酱

- 分量　　**4** 人份
- 烹调时间 **1.5** 小时
- 难易度 ★★★★
- 便当入菜 [Yes]

AUTHENTIC HOME MADE CHICKEN CURRY

我介绍过很多种咖喱饭的做法，有的食谱用到咖喱块，有的用到咖喱粉。之前住在加拿大时，我常去印度人开的咖喱店，他们的咖喱和我在日本吃到的咖喱味道不一样，蔬菜的味道比较明显，每种蔬菜都加热至浓缩，却又很清爽！这次介绍的小菜与印度料理的做法有一点接近，将很多蔬菜打成泥，炒很久，让蔬菜的天然甜味和香味释放出来，

材料 Ingredients

洋葱 ONION —500g（约2个）

胡萝卜 CARROT —180g（约1根）

蒜头 GARLIC —4或5瓣

姜 GINGER —20g

色拉油 VEGETABLE OIL —少许

带骨鸡腿 BONE-IN CHICKEN THIGH —4个（550g）

盐 SALT —3g

咖喱粉 CURRY POWDER —1大匙

水煮番茄（罐头）CANNED TOMATO —400g

咖喱粉 CURRY POWDER —5大匙

水 WATER —600mL

牛奶 MILK —100mL

色拉油 VEGETABLE OIL —少许

红酒 RED WINE —100mL

奶油 BUTTER —15g（不加也可以）

苹果 APPLE —1/2个

猪排酱 TONKATSU SAUCE —适量

奶油 BUTTER —5g

[焦糖液]

砂糖 SUGAR —4大匙

水 WATER —100mL

没有加入淀粉类，只靠蔬菜泥做成有稠度的咖喱酱。因为加了姜，味道会有一点刺激，夏天没有食欲时或冬天想让身体温暖一点时吃都适合！虽然炒蔬菜的部分感觉会花很多时间，但利用这段时间可以处理其他食材。一次可以多做一点，剩余的冷冻起来也很方便，这真的是值得花时间做的一道料理，大家试试看哦！

洋葱切成小块。

小贴士 正宗印度式咖喱会用到很多洋葱。

胡萝卜切成小块。

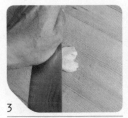

蒜头带皮，用刀拍扁。

把蒜皮去掉。

姜的表面凹凸不平，可以用汤匙刮掉皮。

切成薄片。

切好的蔬菜全部放入果汁机或调理机里。

由于不加水分，如果使用果汁机，建议用搅拌棒。

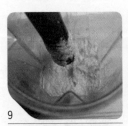

打成泥。

锅子开小火，倒入一点油，将蔬菜泥倒入，炒40分钟左右！

一边炒蔬菜泥，一边进行其他程序。将带骨鸡腿从中间切开。

小贴士 因为要抽出鸡腿的骨头，所以要切至看到骨头。

把切好的鸡肉放入塑料袋或碗里，上面撒盐和咖喱粉。

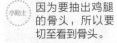

小贴士 蔬菜炒很久才会有自然的香味出来，这是长时间作战，要有心理准备！

小贴士 蔬菜泥里有水分，不会那么容易焦掉，一开始不用一直搅拌，只要避免炒焦就好了。

13

放入塑料袋里抓揉，放置30分钟左右。

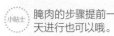小贴士 腌肉的步骤提前一天进行也可以哦。

14

察看锅子里的状况。炒20分钟左右，可以看到完全变色的样子，继续炒！

15

准备焦糖液。锅子里倒入一点水（材料表外），放入砂糖。

16

一开始用中火，煮至浓稠后，转小火继续煮。

17

颜色变成深褐色，气泡变粗时熄火。

18

把准备好的100mL水轻轻倒入，让焦糖和水混合均匀。

小贴士 小心喷溅，最好用有把手的容器倒入。

19

准备番茄汁。将水煮番茄放入果汁机打成泥。

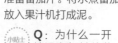小贴士 **Q**：为什么一开始没有与其他蔬菜一起搅打？

A：因为需要把有香味的蔬菜（洋葱、蒜头、姜）先炒干，这样它们的甜味和香味更浓缩。

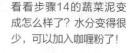

20

看看步骤14的蔬菜泥变成怎么样了？水分变得很少，可以加入咖喱粉了！

21

继续炒，让咖喱的香味出来。

小贴士 加入咖喱粉后容易焦，要注意哦！

22

香味出来以后，加入番茄泥。

23

加水（600mL）。

24

加入焦糖液。

小贴士 加入焦糖可以增加香味！

25

加入牛奶可以让咖喱酱的味道更温和，继续煮。

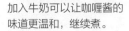香草类肉桂棒也可以根据自己喜好放入。

26

平底锅开中火，倒入一点油，将腌好的鸡腿肉放进去，把表面煎一下。

小贴士 蘸裹咖喱粉的鸡肉容易焦掉，不用煎到熟，只要有香味出来就好了。

27

倒入红酒后熄火，用木头汤匙把锅子表面的精华刮出来。

28

把鸡腿肉连同红酒倒入咖喱锅里，继续煮。

29

本来是用芒果酱，也可以用新鲜水果代替。这次我用的是苹果，籽挖出来后磨成泥。

水果可以用当季的，芒果、香蕉、梨都很好！

30

将水果泥放入。

因为要保留水果的香味，所以没有太早放入。

31

加入番茄泥后，煮了30分钟左右，现在开始调整味道，基本上加入盐就行了。

如果想要吃超级嫩的鸡腿肉，可以再煮久一点。

32

如果想让味道更丰富，可以加入猪排酱、酱油、番茄酱（分量可以自己调整），一边试吃一边加调味料。

33

加入厨师常会用到的秘密武器——奶油块！加入奶油，可以多一种浓郁香味！

MASA的料理手帖

Tips

咖喱酱最好玩的部分是，隔大吃味道更丰富，一次可以多做一点，冷却后装在密封袋里，放入冰箱冷冻室保存，可以放3～4星期哦！

Risotto, Takikomi Ric, Don, Fried Rice, Japanese Noodle, Spaghettis

PART **3**

只 要 一 盘 或 一 碗 就 可 以 满 足 的 **面饭料理**

觉得煮饭还要做一堆料理太麻烦？不用怕！这里有解决的好办法！只要准备一盘或一碗料理，就能兼具营养美味又有饱足感。炖饭、炒饭、焗烤饭、丼饭、日式炊饭样样都有；凉面、乌龙面、炒面、意大利面任君挑选，还有MASA特别推荐的疗愈系料理配方哦！

★ ★ ★ ★

圆白菜&培根
甜菜根意式炖饭

- 分量　　**1** 人份
- 烹调时间 **20** 分钟
- 难易度 ★★★☆
- 便当入菜　No

BACON & CABBAGE RISOTTO WITH BEETS SAUCE

介绍一道很漂亮的炖饭，把上次剩余的甜菜根浓汤解冻后使用。我本来就很喜欢吃圆白菜和培根一起炒的料理，如果再加入甜菜根泥，会多一层不一样的甜味与风味，而且颜色也很漂亮！如果想给你的朋友或家人一道惊喜感觉的料理，不妨试试看！

培根 BACON —**3**片
圆白菜 CABBAGE —**100**g
米 RICE —**80**g
橄榄油 OLIVE OIL —**1**小匙
白酒 WHITE WINE —**3**大匙
甜菜根泥 BEETS PUREE —**50**g
（做法参考P.103）
水 WATER —**180~200**mL

112

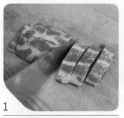

1 培根切成小片。

2 圆白菜切成小片。

3 平底锅开中火，放入培根，炒出香味和油分。

小贴士 因为要利用培根的油分炒，所以不需要加入色拉油。

4 培根油分出来后，放入圆白菜炒至变软。

5 加入生米。

小贴士 生米不用洗，碰过水的米容易炒碎。

6 加入橄榄油拌匀。

小贴士 橄榄油会在米粒表面形成油膜，可以避免煮碎。

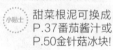

7 加入白酒和甜菜根泥！

小贴士 甜菜根泥可换成P.37番茄酱汁或P.50金针菇冰块！

8 加入水。

小贴士 水不要一次全部加入哦！大概淹没米粒的分量就好了。

9 用平的木头汤匙一边煮一边搅拌。

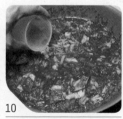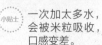

10 水分变少时补水继续煮。

小贴士 一次加太多水，会被米粒吸收，口感变差。

11 表面有气泡冒出时，加入盐和黑胡椒调整味道。

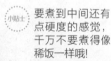

小贴士 要煮到中间还有点硬度的感觉，千万不要煮得像稀饭一样哦！

小贴士 边加热边试吃，煮到自己喜欢的口感就好了！

健康素食**五色炊饭**

VEGETARIAN ASSORTED TAKIKOMI RICE

- 分量　　**4** 人份
- 烹调时间　**30** 分钟
- 难易度　★★★☆
- 便当入菜　[Yes]

我要介绍一道完全没有用到肉的炊饭。一般做炊饭时常会加入肉类，但不加入肉类会不会不好吃？不会！肉的口感可以用魔芋代替，另外我又加入了营养美味的食材——"金针菇冰块"，不仅营养足够，而且多了一种浓郁的味道。装在便当盒或捏成饭团都很适合哦！

材料 Ingredients MASA Kitchen

胡萝卜 CARROT —20g
牛蒡 BURDOCK ROOT —20g
干香菇 DRIED SHITAKE MUSHROOMS —4个
魔芋 KONJAKU —1/2块
白米 RICE —2杯
金针菇冰块 ENOKI ICE CUBES —4粒
（做法参考P.50）
清酒 SAKE —1大匙
酱油 SOY SAUCE —1大匙
味醂 MIRIN —1/2小匙
盐 SALT —1小匙
香菇水 SHITAKE FLAVORED WATER —2杯
四季豆 GREEN BEANS —30g

1 胡萝卜先切薄片，再切成丝。

2 牛蒡切丝。

小贴士 切法参考 P.92。

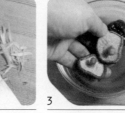

3 干香菇泡在水中。

小贴士 香菇泡的水可以留起来，煮饭时加入。

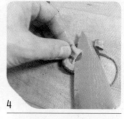

4 将变软的香菇拿出来，切掉根部。

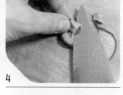

5 再切成丝。

6 魔芋不要用刀子切，用小汤匙刮！

小贴士 大小不一的块状口感比较好，且容易入味！

7 放入沸水里，煮2～3分钟，去除腥味。

8 用水冲一下。

9

将洗净的米，放入电锅的内锅里。

10

放入金针菇冰块。

小贴士 如果没有，不加也可以！

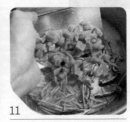

11

放入其他处理好的食材。

12

加入调味料和香菇水（水量共2杯）。

13

搅拌均匀，盖上锅盖，开始煮了！

14

煮好后不要马上开盖，焖15分钟左右，打开拌一下，再放入烫过的青菜（如四季豆等）。

小贴士 青菜不要一起煮，容易褪色。

MASA的料理手帖
—— Tips ——

❶ 炊饭如果有剩余，可以分开包起来，放进冰箱冷冻室保存，可以存放1～2星期。但要注意，冷冻过的魔芋口感会有点不一样哦！

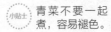

1

❷ 吃的时候，直接放入微波炉加热（确认保鲜膜是耐热的），或把保鲜膜撕下来，放入电锅蒸，就可同样享受香喷喷的炊饭！

2

胡萝卜&南瓜 &酱油三色奶油饭

TRI-COLOR STEAMED RICE

- 分量　各 **4** 碗左右
- 烹调时间 **20** 分钟
- 难易度　★★★☆
- 便当入菜　Yes

材料
Ingredients

[胡萝卜奶油饭]

胡萝卜 CARROT —50g
水 WATER —2杯
米 RICE —2杯
奶油 BUTTER —15g

[南瓜奶油饭]

南瓜 SQUASH —50g
水 WATER —2杯
米 RICE —2杯
奶油 BUTTER —15g

[酱油奶油饭]

米 RICE —2杯
酱油 SOY SAUCE —1大匙
水 WATER —2杯
蒜头 GARLIC —1或2瓣
奶油 BUTTER —15g

之前曾在课堂上介绍过番红花饭（Saffron rice），但收到的反应是，番红花太贵，味道不习惯，但是颜色很漂亮。我完全同意大家的意见，虽然我也很喜欢它的香味，但每次去买这个食材时看到价钱，还是会犹豫。而且这种食材不常用，有时候买了一整瓶，用了几次就一直放在橱柜中，味道会渐渐散掉。（其实它可以冷冻起来，这样可以保持它的香味哦！）这次我要与大家一起分享，用比较亲民的食材来做颜色漂亮的饭！如果想做与番红花一样金黄色的饭，可以用胡萝卜或南瓜，它们的红色或黄色煮出来的颜色也非常漂亮！不太爱吃胡萝卜或南瓜的小朋友们也可以试试看！煮好后没什么怪味，只有一点蔬菜的甜味而已！另外我做了大人们会比较喜欢的蒜头酱油饭，煮的时候就可以闻到非常棒的香味哦！

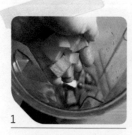

1

先做胡萝卜奶油饭。胡萝卜切成小块，放入果汁机里。

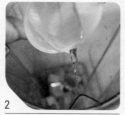

2

倒入1杯水。

小贴士 水量装在电锅里时再进行调整。

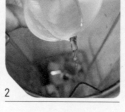

3

打成泥。

小贴士 胡萝卜的纤维很多，要打久一点哦！

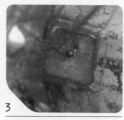

4

把胡萝卜泥倒入米锅里。

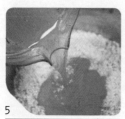

5

果汁机里加入一点水，冲洗一下倒出来，根据刻度调整水量（2杯）。

6

搅拌均匀。

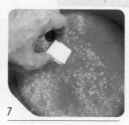

7

放入一点奶油，盖盖开始煮。

 小贴士 分量可以自己调整，奶油越多越香哦！

8

电锅到时间后不要立即打开，再焖15分钟左右，打开拌一下就完成了。

9

制作南瓜奶油饭。南瓜削皮后，切成片或小块，放入果汁机，加水打成泥。

10

南瓜泥倒入米锅里。

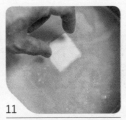

11

放入奶油，盖盖开始煮。

12

哇！漂亮的金黄色！很像加入番红花的样子呢！以后就不用买那么贵的食材煮饭了。(*￣∇￣*)

13

制作酱油奶油饭。做法也很简单，往米里加入酱油。

14

倒入水。

15

加入蒜末。

 酱油、奶油、蒜头是黄金组合，不过也要根据个人的习惯，加不加都可以。

16

搅拌均匀。

17

放入奶油块开始煮！

 煮好后同样焖一下！

MASA的料理手帖
tips

还没吃完的饭怎么保存呢？冷却后，用保鲜膜包起来，放入冰箱冷冻室保存。吃之前直接放入微波炉加热，（确认保鲜膜是耐热的！）或把保鲜膜撕下来，放入电锅里蒸也可以！

牛油果 & 熏三文鱼
玉子丼饭

SMOKED SALMON & AVOCADO SCRAMBLED EGG DON

早餐我常做炒蛋，与面包一起吃。其实这种料理还可以有很多变化，也不一定要搭配面包，我这次要用来搭配丼饭，并在蛋液里加入口感滑嫩的牛油果和熏三文鱼。熏三文鱼的咸味比较重，放入鸡蛋里可以调和，还可以享受熏过的香味。装饭的方式不需要像日本传统丼饭一样放入茶碗里，只要将酱油奶油饭装在盘子上，这道非常有创意的西洋丼饭就完成了！

材料 Ingredients

鸡蛋 EGG —2个
盐 SALT —1/4小匙
牛油果 AVOCADO —1/2个
熏三文鱼 SMOKED SALMON —2片
米饭 STEAMED RICE —1碗
奶油 BUTTER —1/2小匙
酱油 SOY SAUCE —1/4小匙
欧芹（切末）PARSLEY —少许
奶油 BUTTER —1/2小匙
盐、黑胡椒 SALT&BLACK PEPPER —各适量
生菜 LETTUCE —1或2片（装饰）
紫洋葱 RED ONION —1/8个（装饰）

1

两个鸡蛋打入碗里，加入一点盐。

 小贴士 等一下要加入的熏三文鱼也是咸的，所以不要加太多盐哦！

2

搅拌均匀。

3

将牛油果切下1/4份，果肉切成格子状。

小贴士 牛油果的切法参考P.78。

4

看起来很像芒果！

5

用汤匙将牛油果肉刮下来。

6

将熏三文鱼切成小片。

小贴士 也可以用火腿代替，一样好吃！^^b

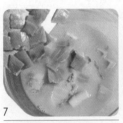

7

放入蛋液里混合均匀。

小贴士 放入的东西可以自己调整，加入玉米粒、圣女果或烫过的青菜、四季豆等都适合！

8

开始炒饭。平底锅里加入一点奶油，开中火，奶油熔化后，放入米饭炒至每粒米都蘸到奶油。

小贴士 可以用电锅煮的酱油奶油饭代替！做法参考P.117。

9

加入酱油，炒出香味。

10

加入一点切末的欧芹，炒匀后装在盘子上。

11

平底锅不用洗，再加入一点奶油，开中火，奶油熔化后，倒入准备好的蛋液。

12

翻炒一下。

小贴士 若味道不够，可以加入盐和黑胡椒调整味道。

13

我个人喜欢半熟的蛋，趁上面还滑滑的样子直接倒在炒饭上。

小贴士 旁边可以放上喜欢的生菜！

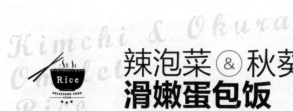

辣泡菜 & 秋葵
滑嫩蛋包饭

▪ 分量	**1** 人份
▪ 烹调时间	**10** 分钟
▪ 难易度	★★★☆
▪ 便当入菜	No

KIMCHI & OKURA OMELET RICE

接下来介绍一道与大家平常看到的不太一样的蛋包饭！虽然我很少吃辣的食物，却喜欢吃韩式泡菜。韩式泡菜直接吃味道非常重，搭配淀粉类就非常适合！通常我用的组合是韩式泡菜加猪肉，但这次我用魔芋代替猪肉，感觉热量会低一点！上面用半熟的滑滑嫩嫩的蛋皮盖起来，哇！超级好吃的蛋包饭完成了！

材料 Ingredients

魔芋 KONJAKU —1/2块
秋葵 OKURA —5支
韩式泡菜 KIMCHI —100g
米饭 STEAMED RICE —1.5碗
色拉油 VEGETABLE OIL —少许
鸡蛋 EGG —2个

1

魔芋片不要用刀子切，用小汤匙刮！

小贴士 不均匀的块状口感比较好，而且更入味！

2

放入沸水里，煮2～3分钟去除腥味。

3

用水冲洗一下。

4

秋葵切小块。秋葵的处理方式参考P.16。

5

泡菜切成容易入口的大小。

6

平底锅开中火，倒入油后，放入魔芋炒一下，让多余的水分蒸发。

7

放入秋葵（生的）。

如果用冷冻过的秋葵，到后面的步骤再加入哦

8

放入泡菜，翻炒。

如果泡菜比较酸，炒久一点可以去除酸味哦！

9

做到这里就可以当成小菜哦！配酒也很适合！（＊￣▽￣＊）

10

But（但是），这次我们要做成炒饭！把米饭放进去，炒至米粒均匀散开，尝味道，看够不够咸后，装在盘子上。

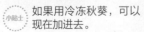如果用冷冻秋葵，可以现在加进去。

11

锅子洗净，开中火，倒入一点油，放入打散的蛋液，炒到喜欢的熟度。

12

盖在炒饭上面，撒一点葱花。

茭白味噌炒饭

MANCHUAN WILD RICE FRIED RICE

我很喜欢茭白脆脆的口感，它本身的味道不是很重，放入什么料理中都很适合。我个人喜欢把它直接放入烤箱里，烤好后涂一点味噌，它的微甜味和味噌非常搭配。这次决定将这个组合放入炒饭里，并加入炸蒜头，炸过的蒜头口感酥酥的也不错！茭白的微甜味，可以为味道比较重的味噌和蒜头多一层风味，吃起来不会腻！而且让本来很低调的茭白，每吃一口都可以感受到它非常棒的存在感！

材料 Ingredients

茭白
Manchurian wild rice stems —2或3支

培根 Bacon —2片

蒜头 Garlic —1瓣

葱 Scallions —1支

酱油 Soy sauce —2小匙

味噌 Miso —1小匙

色拉油 Vegetable oil —少许

鸡蛋 Egg —1个

米饭 Steamed rice —1碗

白芝麻 White sesame —少许（装饰）

1
茭白滚刀切成小块。茭白的处理方式参考P.80。

2
培根切成小片。

3
蒜头去皮，切成薄片。

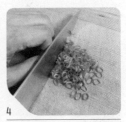

4
葱切成葱花。

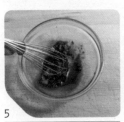

5
酱油和味噌混合均匀。

6
平底锅稍微倾斜放，倒入油后，放入蒜头片，开小火。

小贴士 有一点角度，可以让油集中在角落，确认把手没有碰到火哦！

7
翻面，蒜头片加热至两面都出现金黄色。

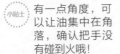

8
蒜片不会同时变成金黄色，从颜色变深的那片开始捞出来，放在纸巾上吸收多余的油分。

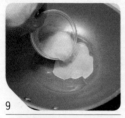

9

蒜片全部捞出来后，油不用倒掉，将锅子放平，倒入打散的蛋液。

10

炒几秒钟就好，不用完全炒熟就可以熄火。

11

将半熟的蛋盛出来。

小贴士 为什么要盛出来？因为加热太久的炒蛋，味道太重，口感也不太好，先加热一下，让它包起蒜头风味的油分就好了！

12

接下来不用倒油，直接放入培根，中火炒出香味。

13

放入茭白，炒至表面有一点金黄色。

14

放入米饭，炒至饭粒均匀散开。

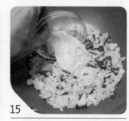

15

放入半熟的蛋，用锅铲稍微压一下，让蒜头风味的油分出来，将蛋搅散。

16

放入混合好的酱油和味噌继续炒。

 小贴士 炒出酱油和味噌香香的焦味就好了！

17

将金黄色的蒜头片和葱花放进去拌一下，装盘！

味噌茄子
肉酱焗烤饭

MISO FLAVORED EGGPLANT RICE GRATIN

- 分量 **2** 人份
- 烹调时间 **15** 分钟
- 难易度 ★★★☆
- 便当入菜 Yes

之前介绍过的焗烤饭，通常是将白酱或茄汁酱淋上去烤，这是比较传统的组合。如果不想用白酱和茄汁酱还可以做吗？没问题！这次介绍的料理就是用味噌肉酱做出来的，用味噌调味的肉酱很适合配饭。焗烤类的食物容易干掉，所以肉酱的部分我另外加了茄子。煮过的茄子嫩嫩的，这样看起来有点稠度的肉酱就完成了！这种肉酱很好用，不仅可以盖在米饭上，和烫过的四季豆也很搭配，淋在煎好的豆腐上也很不错哦！

材料 Ingredients

洋葱 ONION —1/4个
茄子 EGGPLANT —1支
蒜头 GARLIC —1或2瓣
色拉油 VEGETABLE OIL —少许
猪肉泥 GROUND PORK —100g
盐、黑胡椒 SALT&BLACK PEPPER —各适量
高汤或水 FISH BROTH OR WATER —200mL
酱油 SOY SAUCE —2小匙
砂糖 SUGAR —1小匙
味噌 MISO —1/2大匙
南瓜奶油饭 SQUASH BUTTER RICE —2碗
（可以用米饭代替）
披萨奶酪 PIZZA CHEESE —100g

1
洋葱切丁。先切成0.5cm的薄片。

2
将刀子横切进去。

3
再切成约0.5cm见方的小丁。

 小贴士 数字是参考的，大概切成小丁的样子就可以了！

4
茄子切成小块。

 小贴士 茄子要泡水吗？台湾的茄子没有很重的涩味，而且煮的时候加入味噌会有一点变色，所以不用泡水了！

5
蒜头切成丁。

6
锅子里加入一点油和蒜头，开中火，让蒜头的香味出来。

7
加入洋葱，炒至透明。

8

加入猪肉泥，上面撒少许盐和黑胡椒，炒至肉变成白色。

9

放入茄子，炒至变色。

10

加入水或日式高汤。

小贴士 日式高汤的做法参考P.14。

11

盖起来，用小火煮至茄子变软（5~6分钟）。

12

加入酱油和砂糖搅拌均匀，再煮2~3分钟，让调味料入味。

13

加入味噌，搅拌均匀后熄火。

 味噌加热太久，风味容易跑掉，不要煮太久哦！

14

将米饭或冷冻保存的奶油饭装在耐热容器里。

 用哪种饭都可以！如果刚好有奶油饭，从冷冻室拿出来加热一下再装进去！可以参考P.117。

15

在饭上盖上茄子肉泥酱，上面撒披萨奶酪，可以放一点绿色蔬菜（图片里我用了烫过并冷冻过的四季豆）。

16

放入预热好（上下火200℃）的烤箱，烤到上面有一点金黄色就可以了！（5~6分钟）。

肉丸子 & 山茼蒿 杂炊

MEAT BALLS WITH SHUNGIKU ZOSUI

▪ 分量	**1**	人份
▪ 烹调时间	**20**	分钟
▪ 难易度	★★★☆	
▪ 便当入菜	No	

这是天冷时最适合吃的一道料理！在日本，有很多种杂炊，如海鲜、素食等，通常是先做成火锅，等火锅里的材料差不多吃完后，再加入米饭一起煮。这次介绍的是很不错的火锅料组合！将鸡腿肉切碎，加入味噌做成丸子，再放入汤里煮，非常棒的风味！因为肉泥里加入了莲藕泥，口感很松软，再加入喜欢的蔬菜类一起煮，这道火锅料理就完成了！淀粉类加不加都可以，用乌龙面代替也很好，不管你用怎么样的方式吃，都可以享受这道热气腾腾的美味料理！

材料 Ingredients

鸡腿肉（肉泥）
CHOPPED CHICKEN THIGH —100g

莲藕 LOTUS ROOT —30g

姜 GINGER —1/4小匙

葱（切末）CHOPPED SCALLINS —1支

味噌 MISO —2小匙

山茼蒿 SHUNGIKU —1把

杏鲍菇 ABALONE MUSHROOMS —2片

米饭 STEAMED RICE —1碗

[汤底]

水或高汤冰块
WATER OR BROTH ICE CUBE —600mL

干海带 DRIED KELP —5cm

盐 SALT —1/2小匙

酱油 SOY SAUCE —1/2小匙

1

准备汤底。装水的锅子里放入海带，不用开火，泡30分钟以上。

2

鸡腿肉的皮去掉。

小贴士 皮要不要留？如果想让味道浓郁一点，可以加，但因为鸡皮不好切，可以去皮后切丁再放进去！

3

切成小块。

4

再切成末。

5

一边切一边翻面，确认筋都切断。

6

鸡肉泥装在碗里。

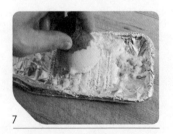

7

莲藕和姜用磨泥板磨成泥。

小贴士 加入有淀粉的蔬菜，可以享受松软的口感！

小贴士 可以用山药、土豆等代替。

8

将莲藕和姜泥放入肉泥里。

9

切末的葱放进去。

10

加入味噌。

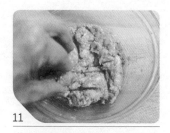

11

搅拌出黏度。

 搅拌出粘度，就可以做出绵密的口感！

12

海带里加入盐和酱油，开小火。

13

煮6~8分钟，将海带拿出来。

 海带可以当做火锅材料，冷却后可以切片！

14

将准备好的肉泥用两支汤匙塑成椭圆形，轻轻放入汤底。

15

用小火慢慢煮至浮起。

16

蔬菜的部分很随意，这次我选了杏鲍菇和茼蒿，还有刚熬汤用的海带！

17

米饭放进去煮一下（不用煮得像稀饭哦！）就可以吃了！把蛋液淋上去再煮一下也很好吃！

 米饭放入的时机可以自己选择，平常日本人吃火锅时，会先吃掉火锅料，再放入米饭作为Ending（结束）。

小贴士 加入乌龙面也很好吃！

平底锅咖喱
法式炊饭

EASY STEP CHICKEN CURRY PILAF

- 分量 **2** 人份
- 烹调时间 **20** 分钟
- 难易度 ★★★★
- 便当入菜 Yes

每个国家都有自己的招牌主食，如意大利的Risotto，西班牙的Paella，日本的炊饭等，这次我介绍的料理叫"pilaf"，算是法国的炊饭，只要在平底锅里加入喜欢的材料和米煮一煮就完成了。虽然法式炊饭的口感不像亚洲人常吃的那样绵软，但可以享受到大米不一样的美味！吸收肉汁的锅底好像锅巴一样，非常香，口感也很好！这次还加入了咖喱粉，味道太可口了，一不小心，一锅饭被我一个人全部吃完了！

材料 Ingredients

米 RICE —150g
洋葱 ONION —1/4个
舞菇 MAITAKE MUSHROOMS —1包
去骨鸡腿肉 CHICKEN THIGH —1片
盐、黑胡椒 SALT&BLACK PEPPER —各适量
奶油 BUTTER —5g
咖喱粉 CURRY POWDER —2小匙
水 WATER —180mL
盐 SALT —1/2小匙
辣椒粉 CHILI POWDER —适量
欧芹 PARSLEY —少许（装饰）

小贴士 **Q**：炖饭不是不用洗吗？
A：没错！但这次我要做的是法式炊饭，煮饭时不用一直搅拌，用洗好的米加热也不会碎掉。

1
将米洗好后沥干。

2

洋葱切丁。

3

这次我用的是舞菇！它的香味很棒，而且加热很久也可以保持脆脆的口感，做什么料理都很适合！

4

去掉包装可以直接用。把下面连在一起的部分切开。

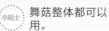 舞菇整体都可以用。

5

将鸡腿肉切开，调整肉的厚度。

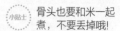 骨头也要和米一起煮，不要丢掉哦！

6

表面撒上一点盐和黑胡椒。

7

平底锅开中火，将肉皮朝下放入，煎到皮变成金黄色。

8

另外一面也同样煎成金黄色。

9

不用煎熟，两面变成金黄色时就可以拿出来。

10

皮的一面朝下，把鸡肉切成小块。

 皮很难切进去，另外一面比较好处理！

11

平底锅不用洗，开中火，利用刚刚煎出的鸡油，将洋葱炒至透明。

12

把洋葱拨到锅子旁边，放入舞菇。

13

舞菇的水分比较多，炒的时候容易出水，没关系！炒出香味来即可。

不会炒老，不用担心！

14

香味出来后，与洋葱混合。

15

中间放一点奶油，熔化后放入沥干的米。

小贴士 米粒蘸到奶油后，可以避免吸收太多水分，这样饭就不容易糊化。

16

搅拌均匀。

17

加入咖喱粉。

小贴士 如果要吃原味，可以不加。

18

继续搅拌，让咖喱粉的香味出来。

19

加入水。

小贴士 不用特意熬汤，鸡腿肉连同骨头一起煮，熬煮出来的汤汁就非常棒！

20

加入盐，搅拌均匀。

21

把切好的鸡肉块放回锅子里。

小贴士 因为煮完后分不太清楚，骨头可以放在锅子中间。

22

盖起来，先用大火煮，看到旁边有水蒸汽出来后转小火，继续煮8～9分钟，再转大火，加热到听到声音（像吃石锅拌饭时出现的声音），关火焖5～6分钟。

23

终于可以打开了！看！漂亮的炊饭！如果想增加辣味，上面可以撒一点辣椒粉，如果想让配色更漂亮，可以撒一些欧芹或烫过的四季豆、毛豆等！

小贴士 饭的程度比炖饭还熟，但不像亚洲风味那么黏黏的，还留有每粒米饭的口感！

MASA的料理手帖
Tips

剩余的炊饭如果没有吃完，可以包起来，放入冰箱冷冻保存（可存放1～2星期），加热时，用微波炉或电锅都可以！

天妇罗丼饭

Rice

- 分量　**2** 人份
- 烹调时间 **20** 分钟
- 难易度 ★★★★
- 便当入菜 Yes

想吃更丰富的丼饭吗？那么，一定要试试这道！只要选择喜欢的食材处理好，蘸裹自己调制的天妇罗面糊一起炸，就很好吃！刚炸好的天妇罗蘸满酱汁，放在米饭上，酥脆的口感加上吸收了酱汁的米饭，光想象就会流口水。虽然步骤看起来不少，但不用担心，只是很详细地为各位读者解释每个程序而已。这道料理并不难，学会后可以把自己喜欢的食材做成很多种天妇罗哦！

材料 Ingredients

茄子 Eggplant —1个
香菜 Cilantro —2把
鸿禧菇 Shimeji mushrooms —1包
虾 Prawns —4只
高筋面粉 Bread flour —适量
米饭 Steamed rice —2碗

[面糊]

冰水 Ice water —100mL
烧酒 Japanese vodka —50mL
鸡蛋 Egg —1个
低筋面粉 Cake flour —80g

[丼饭酱汁]

酱油 Soy sauce —130mL
清酒 Sake —100mL
味醂 Mirin —100mL
黑糖 Brown sugar —1大匙
酱油 Soy sauce —1/2小匙

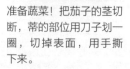

1

准备蔬菜！把茄子的茎切断，蒂的部位用刀子划一圈，切掉表面，用手撕下来。

2

根据茄子的长短，切成长度均等的段。

小贴士 我切成了4段。

136

3

再切半。

4

刀子略倾斜，从茄子3/4的部位切进去，切3或4次。

5

让它散开成扇子的形状。

6

不管有蒂还是没蒂，都用同样的方式切好！

7

将香菜的茎切掉，鸿禧菇切掉根，用手撕散。

8

准备虾。将牙签从虾的背部插进去。

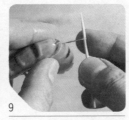

9

把肠泥轻轻拉出来。

10

除了头部和尾巴末端，将壳全部去掉。

11

尾巴边缘部分切掉。

12

用刀背把尾巴里的黑色东西刮出来。

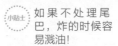

小贴士 如果不处理尾巴，炸的时候容易溅油！

13

肚子表面划3或4刀，切断肚子里的筋。

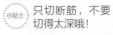

小贴士 只切断筋，不要切得太深哦！

14

反方向折起来，确认筋断掉。

15

准备丼饭酱汁。将丼饭酱汁的所有调味料放入锅子里加热，待糖熔化后熄火。

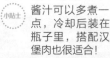
（小贴士）酱汁可以多煮一点，冷却后装在瓶子里，搭配汉堡肉也很适合！

16

准备面糊。在冰水里加入烧酒。

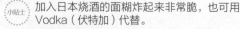

加入鸡蛋搅拌均匀。

17

（小贴士）加入日本烧酒的面糊炸起来非常脆，也可用Vodka（伏特加）代替。

（小贴士）Q：可以用清酒代替吗？A：清酒是发酵酒，炸起来没有蒸馏酒这样的效果。

18

一边倒入低筋面粉，一边用筷子搅拌。

19

搅拌成留有很多颗粒的样子就可以了！

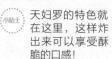
（小贴士）天妇罗的特色就在这里，这样炸出来可以享受酥脆的口感！

20

终于可以炸了！炸油加热到175～180℃，如果不知道油温，可以滴一点面糊试一下。

（小贴士）如果面糊沉到中间就浮上来，并且有气泡马上出来，表示已经到适温了；如果面糊碰到锅底才慢慢浮上来，表示油温不够高；如果面糊没有浮在表面就马上黑掉，表示油温太高了^^;）。

21

当然用温度计测量是最准确的！

22

茄子表面很滑，不容易裹上面糊，所以先撒一些干面粉比较好处理！

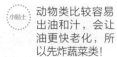
（小贴士）动物类比较容易出油和汁，会让油更快老化，所以先炸蔬菜类！

23

裹上面糊。

24

轻轻放入锅子里，等两面都炸到金黄色时就可以拿出来，放在铁架上，沥掉多余的油分。

（小贴士）炸物的重点是保持油温，一次不要放太多东西进去哦！

25

每种东西炸好后，都要把杂质捞出来再继续炸。

26

这种碎屑很好吃，可以加入很多料理里！放在纸巾上吸收多余的油分。

27

将虾裹上面糊，轻轻放入炸油里。

28

如果想让虾带有很多碎屑，在虾上面用筷子多滴一点面糊。

 小贴士 用夹子固定虾的位置再滴面糊不容易散开。

29

哇！带了很多碎屑！这种方式只有做丼饭或天妇罗乌龙面时使用，如果单吃，不能带太多皮，否则吃两三块就腻了。

30

香菜和鸿禧菇装入碗里，倒入适量的面糊拌匀。

31

用汤匙或锅铲滑进炸油里。

32

炸好后，放在铁架上沥掉多余的油分！

33

装好米饭，上面淋上准备好的丼饭酱汁。

34

炸好的东西先蘸一点酱汁再放在米饭上。好辛苦！终于可以吃了！但真的很值得花时间做哦！超级好吃！

MASA的料理手帖
Tips

多余的天妇罗屑冷却后装在密封袋里，放进冰箱冷冻室保存，可以直接放入乌龙面、大阪烧或炒饭中，都非常好吃哦！

虾米天妇罗屑饭团

▪ 分量	**1**	人份
▪ 烹调时间	**5**	分钟
▪ 难易度	★★☆☆	
▪ 便当入菜	Yes	

这次利用天妇罗屑快速制作虾米天妇罗！本来天妇罗就是做成炸虾，装在饭团里，但还要调制面糊、处理虾、准备炸油等，很麻烦，但如果有天妇罗屑，就可以做成简单版，不仅有天妇罗酥脆的口感，还有虾米的风味，非常棒！若加入日式高汤与酱油，做成泡饭也不错哦！

材料 Ingredients

天妇罗屑 TEMPRA CRUMBLES —2大匙
（做法参考 P.136）
烤过的虾米或樱花虾
DRIED SHRIMPS —2大匙
米饭 STEAMED RICE —240g
海苔粉 SEAWEED POWDER —1小匙
白芝麻 WHITE SESAME —1小匙
海苔片（小）SEAWEED —2片

1

冷冻保存的天妇罗屑。取需要的分量，放在室温下解冻。

2

将虾米放入热米饭里。

3

放入解冻的天妇罗屑。

4

加入海苔粉与白芝麻。

 由于虾米有咸味，不用再额外加入调味料。

5

搅拌均匀。

6

要开始捏啦！在手上涂一点水后，抹一点盐。

7

取大概一份量的米饭，先捏成球形。

 一开始不要捏成三角形，不然容易散开哦！

8

将食指和手掌折60°，将饭团调整成三角形。

9

饭团前后也要捏好，做成平面。

10

贴上海苔片就完成了。

秋葵 & 圣女果
意式凉面

- 分量　　　**1** 人份
- 烹调时间　**15** 分钟
- 难易度　★★☆☆
- 便当入菜　No

OKURA & MINI-TOMATOES JAPANESE NOODLE

天气很热没什么食欲吗？不想吃太油腻的食物？试试这道很可口的组合吧！番茄的微酸味，秋葵黏黏脆脆的口感，蒜头的香味都会让你的食欲大增！与凉面搭配，这道美味的清爽料理就完成了！如果不想吃淀粉类，没问题！盛在嫩豆腐上面也很好吃！把这道料理当成前菜、主食、下酒菜都可以哦！

材料 Ingredients

圣女果 MINI TOMATOES 一5或6粒
秋葵 OKURA 一5或6支
蒜头 GARLIC 一1或2瓣
酱油 SOY SAUCE 一1大匙
味醂 MIRIN 一1大匙
香菜 CILANTRO 一1把
盐、黑胡椒 SALT&BLACK PEPPER 一各适量
伊薇橄榄油 E.V.OLIVE OIL 一2小匙
凉面 THIN NOODLES 一1把

1

圣女果切丁。

2

处理好的秋葵切丁。秋葵的处理方式参考P.14。

3

蒜头磨成泥。

4

将圣女果、秋葵与蒜泥放入碗里。

5

加入酱油和味醂。

6

放入喜欢的香草，香菜、罗勒、紫苏叶都可以，这次我用了香菜。

7

加入盐和黑胡椒调整味道。

 小贴士 先加入调味料再加入油分，防止食材无法入味！

8

加入一点伊薇橄榄油后搅拌均匀。

 小贴士 这种酱汁很好吃！直接淋在白身鱼或鸡肉里就是一道好吃的料理，淋在嫩豆腐上，也可以成为好吃的前菜！

9

开始煮面了！将面条放进沸水里煮熟。

10

把面捞出来冲水，洗掉面条表面的面糊。

11

冷却，沥掉多余的水分，放入准备好的酱汁里，搅拌均匀就可以吃了！

山茼蒿 & 杏鲍菇 & 培根 和风炒乌龙面

SHUNGIKU & ABALONE MUSHROOM STIR-FRIED UDON

▪ 分量	**1**	人份
▪ 烹调时间	**20**	分钟
▪ 难易度	★★★☆	
▪ 便当入菜	Yes	

茼蒿、杏鲍菇都是我很喜欢的食材，我已经用这些材料做了很多种料理，这个单元是面饭类，所以我决定做一道美味的炒乌龙面！之前介绍过几种炒乌龙面，但这次介绍的是我自己设计出来的做法！乌龙面加入柴鱼片一起炒非常入味，加上酱油一点点的焦香味，就像在日本传统家庭料理店用餐的感觉！蔬菜的部分可以选择当季的食材哦！那么接下来就请享受软弹喷香的炒乌龙面吧！

杏鲍菇 ABALONE MUSHROOMS —2个
培根 BACON —2片
山茼蒿或茼蒿 SHUNGIKU —2把
酱油 SOY SAUCE —1大匙
味醂 MIRIN —1大匙
水 WATER —100mL
柴鱼片 SHREDDED BONITO —3g
赞岐乌龙面（冷冻）UDON (FROZEN) —1包
黑胡椒 BLACK PEPPER —少许

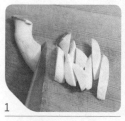

1

杏鲍菇切片。

小贴士 可以用喜欢的菇类代替哦！

2

培根切成小片。

3

山茼蒿直接切成段。

4

酱油、味醂和水装在碗或杯子里。

5

加入捏碎的柴鱼片。

6

开始加热！炒锅开中火，放入培根，炒出油分和香味。

7

放入切好的杏鲍菇，炒至金黄色。

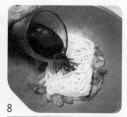

8

放入冷冻乌龙面，上面倒入准备好的酱汁。

小贴士 冷冻乌龙面不用特意解冻或烫过。

9

盖盖，用小火将面焖软（2分钟左右）。

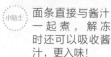小贴士 面条直接与酱汁一起煮，解冻时还可以吸收酱汁，更入味！

10

用筷子将面搅散。

11

放入山茼蒿，转中火，让多余的水分蒸发，最后加入一点黑胡椒，就可以装盘喽！♪

小贴士 湿度要看个人的习惯，如果喜欢酱汁多一点，可以提前熄火哦！

明太子滑蛋乌龙面

UDON WITH MENTAIKO SCRAMBLED EGG TOPPING

冷冻室常备的便利食材乌龙面，不仅好吃，还可以应用在很多料理中，接下来我来介绍这道非常温暖的料理。最特别的部分是滑嫩的汤底，再加上以柴鱼片酱油为基底的勾芡，和软滑口感的乌龙面非常适合！最上面再放一个口感滑嫩的半熟鸡蛋，并用明太子装饰，食用时搅拌一下，就可以看到很漂亮的粉红色！口感太好了，一不小心就吃完了！

材料 Ingredients

明太子 MENTAIKO —2大匙
淀粉 TAPIOCA STARCH —1大匙
水 WATER —1大匙
赞岐乌龙面（冷冻）UDON（FROZEN）—1包
鸡蛋 EGG —1个
葱花 SCALLIONS CHOPPED —少许

[汤底]

水 WATER —400mL
柴鱼片 SHREDDED BONITO —5g
酱油 SOY SAUCE —1小匙
味醂 MIRIN —1大匙
盐 SALT —1/2小匙
砂糖 SUGAR —1/2小匙

1 处理明太子。处理方式参考P.15。如果有已经处理过并冷冻起来的明太子，取出需要的量（2大匙左右）解冻。

2 准备快速汤底。砂锅里放入水和捏碎的柴鱼片，开中火，沸腾后转小火。

3 加入其他调味料（酱油、味醂、砂糖和盐）。

4 将水淀粉（粉和水各1大匙混合好）放入碗里，加入一点汤底搅拌均匀。

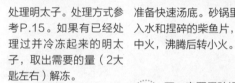

小贴士 不一定要用砂锅，用小一点的锅子煮好，再装在碗里吃也可以哦！

5 先熄火，将水淀粉倒入砂锅里。

 小贴士 水淀粉不要直接倒入砂锅哦！它会马上凝固，粘在锅底或结块，勾芡的效果不好。

6 搅拌均匀。

7 开小火。如果想要稠一点，重复步骤4~6，多加一点淀粉。

8 勾芡好的汤汁里放入冷冻乌龙面。

 小贴士 冷冻乌龙面不用特意解冻或烫过。

9 转中火加热，乌龙面散开后，转小火继续煮1分钟左右。

10 将蛋液淋在乌龙面上。

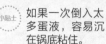 小贴士 如果一次倒入太多蛋液，容易沉在锅底粘住。

11 把蛋煮到自己喜欢的熟度。中间放处理好的明太子，撒一点葱花就完成了。

蒜片辣味莲藕
意大利面

SPAGHETTIS WITH LOTUS ROOT GARLIC & CHILLY FLAVORED

- 分量　　**1** 人份
- 烹调时间 **20** 分钟
- 难易度 ★★★☆
- 便当入菜 Yes

意大利面有一道料理叫 "Peperoncino"，是基本款的意大利面，材料只用到蒜头、辣椒、橄榄油，用盐和黑胡椒调味，感觉很单纯，但可以享受意大利面本身的味道。这次介绍的料理是依照这种做法另外添加了莲藕，吃起来更爽脆！而且蒜头、辣椒也与莲藕很对味。如果想吃意大利面但不想吃奶酱或茄汁酱，这道料理就很适合哦！

材料 Ingredients

莲藕 Lotus root —6～8片
蒜头 Garlic —2或3瓣
辣椒 Chili pepper —1个
意大利面 Spaghettis —100g
酱油 Soy sauce —1小匙
盐、黑胡椒
Salt & Black Pepper —各适量
橄榄油 Olive oil —2大匙
葱花 Chopped scallions —1/4段

1 莲藕削皮后，切成薄片。

2 放入醋水（分量外）中浸泡，避免变色。

3 蒜头切成薄片。

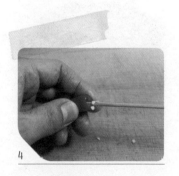

4 将辣椒的籽挖出来。

5 切成丁。

6 开始煮面！意大利面的煮法参考P.12。

7

平底锅里放入橄榄油、蒜头与一半量的辣椒，开小火。

 加一半辣椒是为了让味道与油结合，另一半与莲藕一起炒。

8

加热至蒜头变成金黄色。

9

将蒜头和黑掉的辣椒拿出来，蒜头放在纸巾上，吸收多余的油分。

 油已经有蒜头和辣椒的香味，千万不要倒掉哦！

10

将泡好的莲藕放在纸巾上，吸收多余的水分。

 带水的莲藕直接放入油锅里容易喷溅！

11

将莲藕和另一半辣椒放入步骤9的平底锅里，开中火。

 现在加入的辣椒是为了增加辣椒的鲜味和颜色。

12

莲藕煎至金黄色后，倒入一点煮面的热水，继续加热，将莲藕煮软。

 如果面还没煮好，先熄火等一下。

13

煮意大利面的时间要比包装上的建议时间少一点（1～2分钟），把面捞出来，放入平底锅。

 面提前捞出，放入酱汁里继续煮，比较容易入味！

14

用筷子或夹子搅拌均匀，让汤汁和油分乳化。

 汤汁搅拌至半透明的程度。

 如果水分不够，再将煮面用的热水倒进去一些。

15

加入酱油、盐和黑胡椒调整味道，最后撒上葱花就完成了！

牡蛎 & 菠菜
意式牛奶炖饭

OYSTER & SPINACH CREAMED RISOTTO

- 分量　　　**1** 人份
- 烹调时间　**20** 分钟
- 难易度　　★★★★
- 便当入菜　　No

接下来要做的炖饭会用到"海のミルク"（海的牛奶）。"海的牛奶"是什么呢？就是牡蛎的意思！因为它和牛奶一样有很多营养，所以在日本我们有时候会用这种方式介绍这道食材。不仅营养，它的海鲜味也很丰富，生吃、煎熟吃都很美味。我个人很爱吃台湾的小吃牡蛎煎，虽然台湾的牡蛎比较小，但很适合做成炖饭。不用切碎，可以直接用整粒！但用牡蛎会不会有腥味呢？完全不会！先用煎的方式加热，再倒入白酒焖煮，最后加一点酱油就很美味。煮饭时加入牛奶，可以多一种奶味，另外，加入的松子也很棒，坚果的香味和牡蛎的海鲜味很对味！

材料 Ingredients

牡蛎 OYSTERS —80～100g
盐、黑胡椒 SALT & BLACK PEPPER —各适量
松子 PINE NUTS —1/2大匙
洋葱 ONION —1/4个
菠菜 SPINACH —1把
橄榄油 OLIVE OIL —1/2小匙
白酒 WHITE WINE —3大匙
米 RICE —80g
白酒 WHITE WINE —3大匙
牛奶 MILK —50mL
水 WATER —160～180mL
盐、黑胡椒 SALT & BLACK PEPPER —各适量
奶酪粉 PARMESAN CHEESE —1大匙

1

将牡蛎放在纸巾上，吸收多余的水分。

2

牡蛎上面撒盐和黑胡椒。

3

将松子或喜欢的坚果类放进锅子里干炒至金黄色。

小贴士 坚果的香味和牡蛎非常适合！

4

洋葱切成丁。

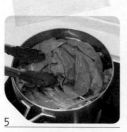

5

菠菜汆烫后，冲水冷却。

小贴士 青菜类都可以用，如果有冷冻的青菜（芦笋、毛豆或四季豆等），现在可以拿出来解冻。

6

冷却后，挤出多余的水分，切段。

7

平底锅开中火，加入一点橄榄油后，放入牡蛎。

8

不要搅拌，煎至稍微膨起来，表面有一点金黄色。

小贴士 牡蛎很容易碎，不要一直搅拌。

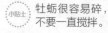

9

倒入白酒，将牡蛎焖出弹性。

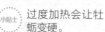

10

盛出来。

小贴士 过度加热会让牡蛎变硬。

11

平底锅开中小火，放入切丁的洋葱，炒至透明。

12

加入生米。

小贴士 生米不用洗，湿米炒的时候容易碎掉。

13

加入橄榄油拌匀。

 油会在米粒上形成油膜，可以避免米粒煮碎。

14

倒入白酒炒一下。

15

倒入牛奶。

小贴士 牡蛎和牛奶很对味！也可以用鲜奶油代替牛奶，香味更浓郁！

16

补一点水，搅拌混合。

 只用牛奶煮容易焦掉。

小贴士 水一次不要加入太多，大概可以淹没米粒的分量。

17

用中小火加热，水分如果变少再加点水，煮到有一点硬硬的口感。

 要煮到"al dente"的程度，就是中间没有熟透，千万不要煮成稀饭的样子哦。

18

把牡蛎放回去。

19

加入菠菜和松子，轻轻搅拌。

 加入牡蛎后不要搅拌太多次哦！

 可以用自己喜欢的坚果类代替松子，核桃或花生都可以哦！

20

加入盐和黑胡椒调整味道。

21

放入奶酪粉拌匀，就可以装盘了！

 装盘后，撒上现磨的帕玛森奶酪更好吃哦！

 还可以配Tabasco（塔巴斯哥）辣椒酱，会有更丰富的香味！

牛奶玉米酱
香肠 & 西兰花螺旋面

- 分量　　　**2** 人份
- 烹调时间　**20** 分钟
- 难易度　★★★☆
- 便当入菜　**Yes**

SAUSAGE & BROMLOLI WITH CREAMED CORN FUSILLI

玉米酱可以做什么料理呢？它不仅可以与牛奶混合成汤，还可以应用在很多料理中。这次介绍的料理也很简单！因为玉米酱的味道和甜味有一点浓，直接与意大利面混合食用味道太重，吃一两口就会腻。但是加入西兰花一起炒后，就完全不会腻，而且玉米的香味和香肠的味道配合得很棒！本来是给小朋友设计的食谱，但味道太好了，滴一点Tabasco（塔巴斯哥）辣椒酱，就完全变成"大人口味"！

材料
Ingredients

螺旋面 FUSILLI —100g
盐 SALT —少许
德国香肠 SAUSAGE —2根
西兰花 BROMLOLIS —5或6朵
洋葱 ONION —1/8个
色拉油 VEGETABLE OIL —少许
牛奶 MILK —80mL
玉米酱（罐头）CREAMED CORN —400mL
黑胡椒 BLACK PEPPLE —适量

1

水沸腾后加入一点盐，放入螺旋面。

小贴士 煮面的时间参考包装上的说明哦！

小贴士 可以选择自己喜欢的面，用意大利面也很棒！

2

德国香肠切成小块。

3

西兰花切成小块。

小贴士 如果有冷冻保存的西兰花，拿出来解冻后，再切成小块。

4

洋葱切成薄片。

小贴士 可以将西兰花炒碎。

小贴士 如果用烫过的西兰花，解冻后放入，炒碎就好了。

5

平底锅开中火，加入一点油，将洋葱炒至透明。

6

放入香肠，炒出来香味。

7

放入西兰花，炒软。

8

加入牛奶。

9

倒入玉米酱。

小贴士 玉米酱和牛奶的比例可以自己调整，如果喜欢稀一点，可以多加一点牛奶。

10

放入煮好的螺旋面。

11

加入适量黑胡椒拌匀，就可以熄火装盘了。

小贴士 玉米酱带有咸味，除非你喜欢口味重一点，基本上不用加入其他的调味料。

可爱小鸭奶油饭
佐 西兰花
牛奶玉米酱

■ 分量	**1** 人份	
■ 烹调时间	**30** 分钟	
■ 难易度	★★★★	
■ 便当入菜	Yes	

BABY DUCK RICE BALL WITH CREAMED CORN SAUCE

大家应该都知道"黄色小鸭"吧！是荷兰人设计的巨大作品！虽然体型很大，但还是一只很可爱的小鸭。为何不让它出现在自己的餐桌上呢？我也捏出了超级可爱的小鸭！刚好南瓜奶油饭的颜色与小鸭很像，再利用牛奶玉米酱让它优雅地游泳。这道料理基本上是捏出来的，再将海苔片剪好贴上去，慢慢设计自己的作品吧！

材料 Ingredients

南瓜奶油饭 SQUASH BUTTER RICE —**170g**
（做法参考P.117）
海苔片 SEAWEED —**1/4张**
圣女果 MINI TOMATO —**1个**
牛奶玉米酱 —**适量**
（做法参考P.154）

 如果没有南瓜奶油饭，可以用普通米饭代替，加入咖喱粉调整颜色和味道！

1

将南瓜奶油饭煮好，如果有之前冷冻的，用电锅或微波炉加热。

2

把饭分成头50g、身体100g、翅膀10g（两份），放在耐热保鲜膜里。

 分量可以自己调整哦！

3

用保鲜膜包起来，捏成球形，确认米粒都牢牢地粘在了一起。

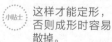 这样才能定形，否则成形时容易散掉。

4

身体捏成水滴形。

5

屁股稍微翘起来。

6

头部上面捏出一点尖就好了。

7

翅膀捏成薄薄的叶子形状。

8

将海苔片切成圆形。先剪成约2cm的正方形，再把边角修剪一下。

小贴士 用打孔机处理更方便！

9

把睫毛剪出来。准备4条就可以了。

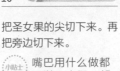

10

把圣女果的尖切下来。再把旁边切下来。

小贴士 嘴巴用什么做都可以，火腿、胡萝卜都能使用。

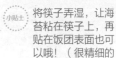

11

开始组合了！将保鲜膜拿掉，用竹签把海苔贴上去。

小贴士 将筷子弄湿，让海苔粘在筷子上，再贴在饭团表面也可以哦！（很精细的手工，加油！）

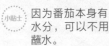

12

同样的方式将睫毛、嘴巴贴上去。

小贴士 因为番茄本身有水分，可以不用蘸水。

13

把翅膀粘上去。

14

把头放在上面就完成了！

小贴士 怎么装盘都可以，这次我用了牛奶玉米酱的酱汁让它游泳，放在咖喱酱、番茄酱或直接装在便当盒里也很可爱哦！

章鱼 & 番茄螺旋面 佐 酥脆顶饰

- 分量　　**1** 人份
- 烹调时间　**20** 分钟
- 难易度　★★★☆
- 便当入菜　Yes

买回意大利螺旋面不知道怎么做吗？也许你可以试试这道！Short pasta（意大利短面）与普通意大利面最大的区别是口感，仔细咀嚼，不仅可以品尝味道，还可以享受意大利面本身的口感。另外我加入了很特别的材料——章鱼。通常章鱼是切成薄片做成生鱼片，但是切成块放入料理中也很适合，就像章鱼烧一样，软弹的口感适合与淀粉类一起食用。章鱼肉里的海鲜味和吸收了茄汁酱的意大利面是非常妙的组合，上面再撒上用橄榄油炒过的酥脆面包粉，口感和味道都很特别，有空试试看哦！

材料 Ingredients

（熟）章鱼 (COOKED) OCTOPUS —1只
培根 BACON —2片
蒜头 GARLIC —2或3瓣
洋葱 ONION —1/4个
圣女果 MINI TOMATOES —8～10粒
螺旋面 FUSILLI —80g
面包粉 BREAD CRUMBS —1/2大匙
橄榄油 OLIVE OIL —少许
虾仁 PEELED PRAWNS —6粒
白酒 WHITE WINE —50mL
水 WATER —100mL
番茄酱 KETCHUP —2大匙
盐、黑胡椒 SALT & BLACK PEPPER —各适量
欧芹 PARSLEY —少许（装饰）

1 章鱼（熟）切成小块。

小贴士 章鱼切太厚，口感会不好哦！

2 培根切成小块。

3 蒜头切末。

4 洋葱切丁。

5 圣女果切成小块。

6 再剁成泥。

小贴士 用果汁机打碎也可以哦！

7 开始煮面！把螺旋面或意大利短面（Short pasta）放入沸水中。

8 准备酥脆面包粉。在平底锅里直接放入面包粉，加入一点橄榄油，开中火，炒至金黄色。

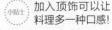小贴士 加入顶饰可以让料理多一种口感！

9

煎成金黄色时盛出来。

10

平底锅不用洗，放入切好的培根，开中火，炒出油分。

11

放入蒜头，炒出香味。

12

放入虾仁，炒至表面变色。

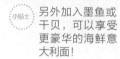

小贴士 另外加入墨鱼或干贝，可以享受更豪华的海鲜意大利面！

13

倒入白酒焖一下。

小贴士 用清酒也可以。

14

把虾仁拿出来。

小贴士 虾煮太久会变硬，如果加入了其他海鲜类，都要先拿出来哦！

15

放入洋葱，炒至透明。

16

放入圣女果泥。

17

补100mL左右的水。

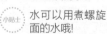

小贴士 水可以用煮螺旋面的水哦！

18

放入番茄酱，转小火。

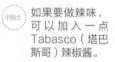

小贴士 如果要做辣味，可以加入一点Tabasco（塔巴斯哥）辣椒酱。

19

面煮好了！捞出来放入步骤18里，海鲜也放回去加热一下。

20

加入盐和黑胡椒调整味道，装盘后，上面撒步骤9准备好的面包粉。

舞菇&三文鱼奶酱笔管面

Maitake & Salmon Short Pasta with Cream Sauce

- 分量　　**1** 人份
- 烹调时间 **20** 分钟
- 难易度　★★★☆
- 便当入菜　Yes

我要继续介绍Short pasta（意大利短面）料理哦！这道改用笔管面（Penne）来做。其实你想用什么面都可以！选择喜欢的形状就好了。这次我用了很有秋天感觉的食材组合，秋天在日本时，常看到各种菇类，我特别喜欢脆脆的口感，像这种舞菇就很好。另外一种食材是"三文鱼"，用这些材料做成奶酱的意大利面很美味！这道料理也很适合焗烤，放入烤盘里上面铺上奶酪烤一下，就是一道奶香四溢的温暖料理！

材料
Ingredients

舞菇 MAITAKE MUSHROOMS —1包
洋葱 ONION —1/4个
三文鱼 SALMON —1片
笔管面 PENNE —80g
奶油 BUTTER —2小匙
盐、黑胡椒
SALT & BLACK PEPPER —各适量
白酒 WINE —1大匙
水或牛奶 —100～120mL
鲜奶油 WHIPPING CREAM —2大匙
奶酪粉 PARMESAN CHEESE —1大匙
欧芹 PARSLEY —少许（装饰）

1

2

3

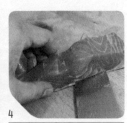

4

这次我想要介绍的菇类就是舞菇！它不仅香味特别，还有很棒的口感！即使加热很久，也会有脆脆的口感！

去掉包装后，用刀子将下面连在一起的部位切开，把舞菇分解。

洋葱切片。

将三文鱼带皮的那面朝下，用刀子将鱼肉片下来！

5

将骨头片下来。

6

切成小块。

 小贴士
鱼肉加热后容易散掉，不要切得太小。

7 食材都处理好了，开始煮面啦！

 煮面时间参考包装上的说明。

 用普通意大利面也可以享受这道料理。

8 平底锅放入奶油块，开中火熔化后，放入洋葱，炒至透明。

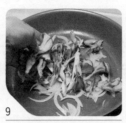

9 放入切好的舞菇。

10 炒出香味。

 可能会出水，没关系！继续炒，水分很快会蒸发！

11 将舞菇移到锅子旁边，放入三文鱼，表面撒上盐和黑胡椒。

12 煎至两面都成金黄色。

13 倒入一点白酒。

 加入白酒可以去除三文鱼的腥味，同时多一种香味。

14 加入煮面的水或牛奶（100～120mL）。

 继续煮舞菇和三文鱼，用水或牛奶都可以，看自己的习惯！

15 加入鲜奶油。

小贴士 加入鲜奶油，味道会更浓郁！

16 加入笔管面再煮一下，让面吸收酱汁。

17 放入奶酪粉、盐和黑胡椒调整味道。

平底锅简单
意大利面欧姆蛋

PAN FRIED SPAGHETTI OMELET

- 分量　　　**2** 人份
- 烹调时间 **20** 分钟
- 难易度　★★★☆
- 便当入菜　Yes

有时候我会把意大利面煮好冷藏保存，时间紧张时，只准备酱汁，然后放入煮好的面条，就可以做出美味的意大利面。如果煮了很多面，又不想做成普通的意大利面时，做成欧姆蛋如何？将煮好的意大利面与蛋液混合，然后将喜欢的材料炒好放入一起煎，做出来的欧姆蛋非常漂亮，而且这道料理含有蛋白质、纤维与淀粉，所需要的营养都在里面！不用再准备其他食物。这道料理也很适合做成早餐！另外，我还介绍了蔬菜的保存方式哦！

材料 Ingredients

意大利面 SPAGHETTIS —60g
橄榄油 OLIVE OIL —少许
西兰花 BROMLOLIS —3或4朵
德国香肠 SAUSAGE —2根
圣女果 MINI TOMATOES —3或4个
奶油 BUTTER —1小匙
玉米粒（罐头）CANNED CORN —2大匙
盐、黑胡椒 SALT & BLACK PEPPER —各适量
鸡蛋 EGG —3个
奶酪粉 PARMESAN CHEESE —1大匙

1

意大利面煮好后用水冲洗一下，冷却后放在网筛里，淋一点橄榄油搅拌均匀。

2

西兰花切成小块。

3

香肠切成小块。

 用火腿或培根代替也很好！

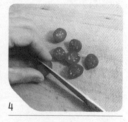

4

圣女果切半。

5

平底锅放入一点奶油，开中火，熔化后放入西兰花和香肠。

6

加入玉米粒。

7

加入盐和黑胡椒调整味道，熄火。

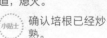 确认培根已经炒熟。

8

蛋液打散后与奶酪粉搅拌均匀。

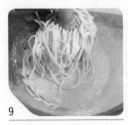

9

放入煮好的意大利面。

10

放入炒好的材料。

11

撒一点黑胡椒和盐，搅拌均匀。

12

平底锅开小火，涂一点油，倒入步骤11的所有材料。

小贴士 虽然用的是不粘锅，但是蛋液里面含有奶酪，加热时容易粘锅，涂一点油比较好处理！

13

上面摆上切好的圣女果。

14

盖起来继续加热，6分钟左右熄火，继续焖3~4分钟，让蛋液完全凝固。

 小贴士 中间如果有弹性，表示已经熟了，如果下面的颜色已经很深，从侧面加一点水焖一会儿就好了！^^v

MASA的料理手帖
Tips

❶ 西兰花没用完怎么办？与其他青菜类一样，热水烫一下后取出。

❷ 不用冲水，直接放在网筛上沥干、冷却。冷冻前，一定要去掉多余的水分。

❸ 装入密封袋，放入冰箱冷冻室保存，可以放2~3星期哦！

1

2

3

超可爱 熊猫饭团

■ 分量	**2** 人份		
■ 烹调时间	**15** 分钟		
■ 难易度	★★★☆		
■ 便当入菜	Yes		

记得小时候，我去日本上野动物园看熊猫，那时候人很多，但它好像刚吃饱，一直坐着发呆，大概它本就是这样一种个性很温和的动物吧！这么可爱的动物如果可以经常看到，一定很开心，那就来做熊猫饭团如何？饭团本身只有很单纯的海苔和盐味，可以搭配其他料理一起吃。在日本有很多种海苔出售，还有各式各样的饭团模具，不用剪或捏，直接用模具压一下，就可以做出各种形状的动物饭团。Don't worry！（别担心！）就算没有这些模具，我们也可以做出超级可爱的熊猫宝贝。只要用剪刀把海苔片剪成熊猫的眼睛和腿，然后组装在一起就可以了！多做一点放在一起比较可爱哦！

材料 Ingredients

米饭 STEAMED RICE —50g×5
盐 SALT —少许
海苔片 SEAWEED —1片
梅子（梅干）PICKLED PLUM —1个

1

趁米饭还温热的时候，加入一点盐搅拌均匀。

小贴士 咸度可以自己调整！

2

熊猫的头大概用50g米饭，先捏成球形。

3

再慢慢捏成椭圆形。

4

用拇指把下面的部分（熊猫肚子）压扁一点。

5

从侧面看一下，上面突出的部分是头，下面是身体。

 小贴士 不用太仔细，大概有凹凸的形状就好了！

6

海苔片可以用自己习惯的味道，我用的是原味（没有咸味的）。

 小贴士 有调味过的也可以用，不过它容易粘在手上，剪的时候要注意哦！

7

剪手臂。准备10cm宽的海苔片。

8

对折。

9

剪下大概1cm的带状。

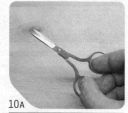

10A

比较细的部分可以用眉毛剪，比较容易控制！

10B

末端可以剪得稍微尖一点，这是熊猫的脚爪。

11

打开的样子。

12

剪耳朵。准备两张小的长方形，对折。

13

将尖角剪圆。

168

14

打开两张 "8" 字形的海苔片。

15

足的部分。将两张小海苔片叠在一起，剪成与图片一样有一点歪掉的水滴。

16

眼睛可以剪两个椭圆形，鼻子剪成小圆形，尾巴剪成稍微大一点的圆形。

17

摆好看一下，是不是已经有熊猫的感觉了呢? ♪

18

开始组合之前，先将工作台擦干净，如果有海苔屑粘在饭团表面就很难拿掉哦!

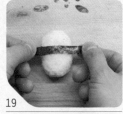

19

从捏好的饭团背部（没有凹凸的一面）贴上去。

 确认海苔的中心点在身体的正中间。

20

翻过来调整手的位置。

21

贴上尾巴。

 用竹签或牙签蘸一点水，比较容易操作哦!

22

足的部分贴好。

23

耳朵保持折起来的样子，直接贴上去。

24

贴上眼睛和鼻子。

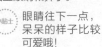 眼睛往下一点，呆呆的样子比较可爱哦!

25

全部贴好后，调整身体的形状就完成啦!

Hamburg Steak,
Seafood Soup,
Okonomi-yaki,
Teriyaki Pork

PART 4

可搭配米饭或组成套餐的单品料理

此单元介绍的料理融和了简单与华丽两种不同的特性，你可以搭配米饭，也可以配成豪华套餐。想吃丰富的大餐，就来个酥脆鸡腿南法海鲜汤组合；若想吃清爽水果风，香橙猪排红酒加鸿禧菇就很不错；偶尔换个西式风味，三文鱼西兰花是好选择；想吃纯日式居酒屋风味，就推荐你莲藕汉堡排搭配核桃丸子汤。

★★★★

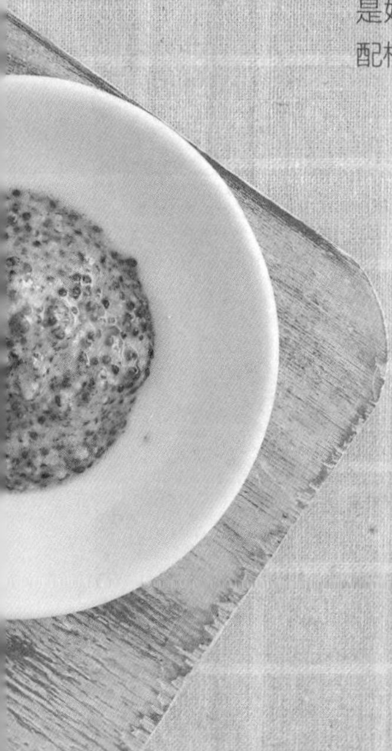

西式风味！
三文鱼西兰花的
美味组合

Set Meal

煎三文鱼 (佐) 当季青菜奶酱

SAUTÉED SALMON WITH GREEN VEGETABLE CREAM SAUCE

- 分量　　**1** 人份
- 烹调时间　**20** 分钟
- 难易度　★★★☆
- 便当入菜　| Yes |

买到新鲜的三文鱼，看起来很适合做鱼排，但这种味道比较淡的白身鱼（虽然肉是红色的，但它的味道算白身鱼）搭配哪种酱汁比较适合？想要味道浓郁，又能享受到鱼本身的味道，奶酱类是比较适合的。但只用奶制品吃起来容易腻，很多人因为这个原因不太喜欢奶酱类，其实它可以与蔬菜一起做成很清爽的口味！将当季蔬菜直接炒一下，再加入牛奶和鲜奶油就完成了！

材料 Ingredients

山茼蒿或茼蒿 SHUNGIKU —2把
蒜头 GARLIC —1瓣
三文鱼 SALMON —1片
盐、黑胡椒 SALT & BLACK PEPPER —各适量
色拉油 VEGETABLE OIL —少许
奶油 BUTTER —1小匙
白酒 WHITE WINE —2大匙
牛奶 MILK —50mL
鲜奶油 WHIPPING CREAM —50mL
奶酪粉 PARMESAN CHEESE —1大匙
盐、黑胡椒 SALT & BLACK PEPPER —各适量

1

这次我用山茼蒿，它的香味做成奶酱很适合。洗好后切成段。

 可以用喜欢的青菜类代替，如菠菜、地瓜叶都可以。

2

蒜头切成末。

 加入蒜头可以让奶酱多一种香味与满足感，分量可以自己调整哦!

3

擦掉三文鱼表面多余的水分，撒上盐和黑胡椒。

4

平底锅开中火，加入一点油，放入三文鱼，煎至金黄色。

5

另一面也同样煎至金黄色。

 鱼肉比较容易煎熟，除非你用很厚的鱼片，不用盖盖焖。

6

把煎好的三文鱼取出，放在旁边保温。

7

平底锅不用洗，稍微擦一下就可以了。

8

放入奶油块，开中火，熔化后放入蒜头，加热至香味出来。

9

放入山茼蒿，炒至亮绿色。

10

倒入一点白酒。

 用清酒代替也可以!

11

倒入牛奶和鲜奶油。

 如果不习惯太浓的奶味，可以自己调整比例哦!

12

加入奶酪粉、盐与黑胡椒调整味道后，淋在三文鱼上面。

 也可以把煎好的三文鱼放回平底锅里，加热后一起装盘!

酥炸咖喱风味
白花菜

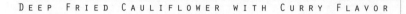

DEEP FRIED CAULIFLOWER WITH CURRY FLAVOR

花菜不管是绿的还是白的我都喜欢吃，味道上而言，白色的比较低调一点，充分利用它的特色，可以做出很多种口味的料理！这次我选择用炸的方式来做，蘸裹上面糊炸过的西兰花非常酥脆，咬一口就可以享受里面松软的口感，而且咖喱的香味与这种淡味的蔬菜真的很对味！有一点像台湾小吃盐酥鸡加上咖喱的口味！当然你可以加入其他种类的蔬菜，如杏鲍菇、茭白、四季豆等，准备面糊自己炸，在家开个蔬菜盐酥鸡Party（聚会）吧！♪

材料
Ingredients

白花菜 CAULIFLOWERS —1株
（用西兰花也可以）
香菜 CILANTRO —1把
低筋面粉 CAKE FLOUR —60克
泡打粉 BAKING POWDER —1/4小匙
盐、黑胡椒 SALT & BLACK PEPPER —各适量
水 WATER —100mL
高筋面粉 BEAD FLOUR —2小匙
咖喱粉 CURRY POWDER —1/2大匙
辣椒粉 CHILI POWDER —少许

1

白花菜切开。

2

块比较大的再从中间剖开。

3

将香草类切成末，这次我用的是香菜。

4

在过筛好的低筋面粉里加入泡打粉、盐和黑胡椒。

5

加水混合。

6

放入香菜末。

小贴士 干燥的香草（茴香类）也可以加进去哦！

7

白花菜先蘸裹高筋面粉，然后放入袋子里。

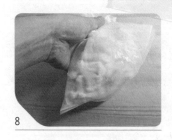

8

捏紧袋口，摇匀！

 小贴士 蘸过面粉后比较容易粘住面糊。

9

把白花菜放入面糊里，蘸裹均匀后捞出来，让多余的面糊滴下来。

10

放入适温（175～180℃）的油锅里。

11

表面变成金黄色后拿出来。

12

放在纸巾上，吸收多余的油分。

13

将炸好的白花菜放入碗里，撒上盐和咖喱粉调整味道。

14

如果喜欢更辣的味道，可以撒入辣椒粉拌匀。

MASA的料理手帖
— Tips —

❶ 如果还有很多没用完的花菜（不管白还是绿的），可以余烫后，切成块，再在沸水中烫5秒左右。

❷ 捞出来，放在网筛上冷却，同时沥去多余的水分。

❸ 放在纸巾或纱布上，将多余的水分吸干。

❹ 装入密封袋，放入冰箱冷冻室，可保存2～3星期。使用时，提前拿出来解冻，可以放入汤、意大利面中，或直接煎熟当做配菜！

丰富华丽！
酥脆鸡腿烤土豆
南法海鲜汤组合

Set Meal

烤土豆 & 辣豆腐乳奶油片

BAKED POTATO WITH SPICY BUTTER TOPPING

▪ 分量	**4** 人份
▪ 烹调时间	**30** 分钟
▪ 难易度	★★☆☆
▪ 便当入菜	Yes

豆腐乳是一种很好用的食材，它发酵后的味道很丰富，与其他味道较淡的食材一起吃会有均衡的感觉。那么，可以搭配什么食材呢？土豆应该很适合，用烤土豆的方式搭配豆腐乳看看味道如何？把辣口味的豆腐乳与奶油混合后放在烤好的土豆上面，天哪！太好吃了！像我这种本来不太爱吃辣的人，也会喜欢上豆腐乳与土豆搭配后的温和辣味。来！大家一起让辣豆腐乳变成餐桌上的美味料理吧！

材料
Ingredients

辣豆腐乳 SPICY PICKLED TOFU —30g
奶油 BUTTER —50g
土豆 POTATOES —4个
葱花 CHOPPED SCALLIONS —少许
海苔丝 SHREDDED SEAWEED —少许

1

准备豆腐乳奶油！我不太爱吃辣，但我觉得辣豆腐乳的味道还是可以接受的。大家可以用自己习惯的豆腐乳哦！

2

碗里放入室温的奶油与豆腐乳。

小贴士 比例可以自己调整哦！

3

搅拌均匀。

小贴士 如果奶油还有一点硬，放软一点再搅拌。

4

桌上铺一张保鲜膜，中间放入调好的奶油。

5

卷成棒状。

6

两端卷起来封好，放入冰箱冷藏室。

7

要烤土豆了！将洗好的土豆用锡箔纸包起来。

8

放入预热好的烤箱（下火200℃），烤50~60分钟。

小贴士 烘烤的时间可根据土豆的大小调整哦！

9

用竹签或筷子轻松插入时，就表示已经熟了。

10

用刀子从中间切开。

11

将凝固后的奶油切片放在土豆上面，放上葱花和海苔丝会更香！

MASA的料理手帖
Tips

如果只做一人份，土豆可以只烤一个，其他材料可以放入冰箱冷藏，要吃的时候只烘烤土豆就可以了，很方便。

酥脆鸡腿排
佐 **盐葱酱沙拉**

CRISPY CHICKEN THIGH WITH SALT ONION SAUCE

- 分量 **2** 人份
- 烹调时间 **20** 分钟
- 难易度 ★★★☆
- 便当入菜 **Yes**

接下来要介绍一道健康又美味的清爽料理！但鸡腿肉通常油分很多，如何做清爽料理呢？这里我顺便介绍一种很好用的锅子叫"享瘦锅"。因为它的锅底有特别的纹路，放入食材煎可以去掉许多油分，而且煎好的肉表面，会呈现很漂亮的金黄色，口感也很酥脆。不仅鸡肉，五花肉、油分多的牛排煎完后的效果都很好！为了搭配美味的鸡腿肉要用什么酱料呢？我做了一款"盐葱酱"，平常在烧肉店吃牛舌时常会搭配这种酱汁，与肉类一起吃非常适合！下面再铺上新鲜的生菜，就变成非常健康的鸡肉沙拉了！

材料
Ingredients

紫洋葱 RED ONION —1/4个
水菜 MIZUNA —2把
鸡腿肉 CHICKEN THIGH —2支
盐、黑胡椒 SALT & BLACK PEPPER —各适量

[盐葱酱]
葱（切末）CHOPPED SCALLIONS —20g
白芝麻 WHITE SESAME —1小匙
盐 SALT —1/2小匙
黑胡椒 BLACK PEPPER —1/4小匙
香油 SESAME OIL —1/2大匙
砂糖 SUGAR —1/2小匙
白醋 RICE VINEGAR —1大匙
水 WATER —2~3大匙

1

先做"盐葱酱"。将葱切末。

181

2

将葱放入碗里，与"盐葱酱"的其他材料混合均匀。

3

将紫洋葱沿逆纹切成薄片。

 逆纹是为将纤维切断，泡水时容易洗掉洋葱的刺激味。

4

用水浸泡10分钟左右。

5

水菜洗净、切段。

小贴士 可以用其他青菜代替哦！

6

将鸡腿肉较厚的部位切开，调整厚度。

7

把筋切断。

小贴士 把筋切断可以避免加热时肉片缩卷。

8

两面撒上盐和黑胡椒。

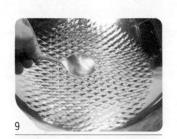

9

超好用的锅子上场了，就是膳魔师的享瘦锅。锅子表面很像菠萝的纹路，开中火。测量锅子的温度有一个简单的方法，在锅子里滴一点水。

10

如果水马上变成球形并滑动，表示锅子的温度足够高，可以开始煎了！

11

不需要加油，将皮朝下放入锅子里。

 锅子表面有菱格纹路，不容易黏！

12

不需要移动，看到纹路间隙有油分出来。

小贴士 利用这些纹路，煎食物时就可以去掉多余的油分！

13

煎成金黄色就可以翻面了！可以看到脂肪熔化出来了！

 不仅鸡肉，五花肉或油分多的牛排煎完后的效果都很好！

14

翻面后转小火，煎熟。

小贴士 看到透明的肉汁出来，表示已经熟了。

15

将鸡肉切成容易入口的大小，放在铺有水菜与紫洋葱的盘子上，再淋上准备好的葱盐酱。

 煎好的鸡皮很脆，切割时，皮朝下切会比较容易处理哦！

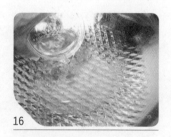

16

这么特别的锅子如何清洗呢？会不会很麻烦？不会！只要将油倒掉，放入水就可以。

 趁锅子还温热的时候比较好清洗！

17

用铁刷顺着纹路刷几下就好了！

小贴士 这不是不粘锅，用铁刷是没关系的！

18

将水倒掉后冲洗一下，再用纸巾或抹布擦干就好了！马上恢复光亮如新的锅子呢！

小贴士 这种锅子不仅适合煎鸡肉，煎五花肉或鱼都很适合。

MASA的料理手帖
Tips

如果是做一人份，鸡腿肉可以只煎一片。盐葱酱可以一次多做一点，放入冰箱冷藏保存，随时取用。淋在嫩豆腐上或做为P.22猪肉沙拉的淋酱也很好吃！

超级丰富！
南法风海鲜汤

▪ 分量	**2** 人份
▪ 烹调时间	**30** 分钟
▪ 难易度	★★★★
▪ 便当入菜	Yes

这道料理原本叫 "bouillabaisse"（马赛海鲜汤），是法国南部或地中海附近的传统料理，那里的渔民将自己捕捞的海鲜类放入汤里一起煮制而成。我记得在法式料理餐厅工作时，每到夏天的休息日，我们员工就会一起去海边煮这道料理。通常会提早起来准备汤底和一些海鲜，到海边时，再下海抓一些，全部放入锅子里一起熬煮，感觉就像在无人岛生活一样，但料理却都很专业又很高级。这次介绍的海鲜汤虽然前期步骤多一点，但的确值得花一些时间处理。

材料 Ingredients

蛤蜊 CLAMS —16个左右
洋葱 ONION —1/2个
胡萝卜 CARROT —1/2个
明虾 PRAWNS —6尾
鳕鱼 BLACK COD —1片
色拉油 VEGETABLE OIL —少许
红葱头（切末）CHOPPED SHALLOT —2或3瓣
白酒 WHITE WINE —100mL
水 WATER —400mL
蒜头（切末）CHOPPED GARLIC —2或3瓣
水煮番茄（罐头）CANNED TOMATO —200g
法国面包 FRENCH BREAD —4片
欧芹（切末）PARSLEY —少许（装饰）

1

蛤蜊泡在盐水里盖上盖了，放置约30分钟让它吐砂。

2

洋葱切成小方形。

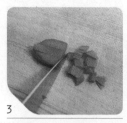

3 胡萝卜切成小方形。

小贴士 为了节省烹煮的时间，胡萝卜不要切得太厚哦！

4 处理海鲜类。虾的头和壳去掉后放在旁边，不要丢掉哦！

5 将鳕鱼的骨头切下来，同样放在旁边不要丢掉。

小贴士 可以用其他鱼类代替，鲷鱼、三文鱼等白身鱼类都适合。

6 鳕鱼肉切成块状，但不要太小。

小贴士 鳕鱼加热后容易碎掉，所以切大块一点。

7 鳕鱼放在铁架上面，从上面淋热水，去掉皮上的腥味。

小贴士 可以在水槽里处理。

8 锅子开中火，加入一点油后，放入红葱头，炒出香味。

9 放入虾壳、虾头，以及鳕鱼骨头。

10 炒至虾壳和虾头变色，香味出来。

11 倒入白酒。

12 加入水。

13 沸腾后转小火熬煮（差不多15分钟就好了）。

小贴士 表面的泡沫要捞除哦！

14 熬高汤时，准备另一个锅子，开中火，加入一点橄榄油，放入洋葱和蒜末，炒至洋葱透明、香味出来。

15 放入胡萝卜继续炒。

16 将水煮番茄倒出来，用手捏碎。

 小贴士 如果捏到皮或蒂，可以丢掉。

17 放入锅子里。

18 锅子上面放网筛，把熬好的高汤倒进去。

19 用汤匙按压上面的壳，让里面的味道出来。

20 网筛拿掉，加入盐和黑胡椒，调整味道。

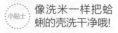 小贴士 还要加入海鲜类，它们含有咸味（尤其是蛤蜊），所以要特别注意盐的分量哦！

21 将蛤蜊冲水洗干净，放入锅子里。

小贴士 像洗米一样把蛤蜊的壳洗干净哦！

22 放入鳕鱼和虾，煮至蛤蜊壳全部打开。

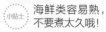 小贴士 海鲜类容易熟，不要煮太久哦！

23 将表面的泡沫捞出来就完成了！装入盘中，上面撒欧芹，旁边可以搭配烤好的法国面包。

 小贴士 如果想多一种辣味，可以滴一点Tabasco（塔巴斯哥）辣椒酱！！

MASA的料理手帖
Tips

❶ 由于做这道料理很花时间，所以一次可以多做一点，吃不完可放入冰箱保存。要吃时拿出来加热，一样美味。

❷ 剩余的水煮番茄罐头可以倒入密封袋，放入冰箱冷冻保存（可存放3~4星期）。

居酒屋风格！
莲藕汉堡排
核桃丸子汤

Set Meal

脆脆莲藕汉堡排

LOTUS ROOT HAMBURG STEAK

- 分量　**2** 人份
- 烹调时间 **20** 分钟
- 难易度 ★★★☆
- 便当入菜 [Yes]

美味的莲藕又来了！利用莲藕特殊的形状可以做出很多料理，这次我用切成薄片的莲藕夹住肉泥，做成从莲藕洞出来的肉泥汉堡排，外观看起来很可爱！莲藕脆脆的口感和夹在里面的肉馅很对味！与平常吃的汉堡完全是不同的口感，与照烧酱搭配很可口！如果你最近吃的蔬菜类太少，但又想吃汉堡肉之类的料理，这道可推荐给你哦！

材料 Ingredients

莲藕 LOTUS ROOT —8片
猪肉泥 GROUND PORK —150g
盐 SALT —少许
葱（切末）CHOPPED SCALLIONS —1/2大匙
酱油 SOY SAUCE —1/2小匙
淀粉 TAPIOCA STARCH —适量
色拉油 VEGETABLE OIL —少许
南瓜（烫过）SQUASH —1/4个
四季豆（烫过）GREEN BEANS —10～12根

[调味料]

清酒 SAKE —2大匙
酱油 SOY SAUCE —2大匙
味醂 MIRIN —2大匙
水 WATER —3大匙
淀粉 TAPIOCA STARCH —1小匙

1

莲藕削皮后，切成0.5cm左右的薄片。

2

为了避免变色并去掉多余的淀粉，将其浸泡在水里。

3

肉泥里放入盐，搅拌出黏度。

小贴士 有黏度的肉泥加热后口感会很绵密！

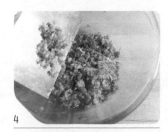

4

放入切好的葱末搅拌。

5

加入1/2小匙酱油。

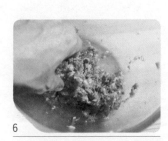

6

搅拌均匀。

7

分成4等份。

8

将泡好的莲藕拿出来，放在纸巾上吸收多余的水分。

9

在每片莲藕表面蘸上淀粉。

10

将汉堡馅捏成圆形。

11

把肉放在蘸粉的那面。

12

将另一片蘸粉的那面向下夹住。

13

轻轻按压，让肉泥稍微从洞里出来。

 小贴士　要确认压好哦！

14

将所有调味料放在碗里混合。

15

平底锅开中火，加入一点油，放入准备好的莲藕汉堡，将表面煎至金黄色。

16

翻面，另外一面同样煎至金黄色后，加入约2大匙的水（分量外）。

17

盖盖，转小火，焖3分钟左右。

18

看到肉有一点膨胀，有透明的肉汁溢出来，表示已经熟了，盛出来。

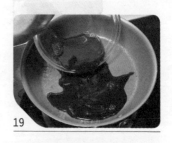

19

倒入混合好的调味料，开中火，勾芡后，把莲藕汉堡放回去，或直接淋在汉堡表面都可以！

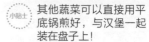 小贴士　其他蔬菜可以直接用平底锅煎好，与汉堡一起装在盘子上！

居酒屋风！
番茄 & 凉拌菠菜
Ohitashi

JAPANESE BISTRO STYLE MARINATE SPINACH

- 分量 **2** 人份
- 烹调时间 **15** 分钟
- 难易度 ★★☆☆
- 便当入菜 **Yes**

通常看到的"おひたし"（Ohitashi，编注：是一种日本凉拌菜，将蔬菜氽烫后挤干水分再淋上酱汁）是用青菜做的，其实用其他的蔬菜类也可以做很好吃的Ohitashi！这次我选了一整个牛番茄来做，因为形状的关系，要用特别一点的方式腌制，我用自己煮的香喷喷的柴鱼酱油浸泡整个番茄，稍微加热一下后静置。由于没有切开，腌汁很干净，腌过一天的番茄很漂亮！搭配腌过的菠菜一起装盘，很有在居酒屋用餐的感觉！切成容易入口的大小，不用任何蘸酱就已经很入味，腌汁含有微微的番茄香味，搭配面条等也很可口哦！

材料 Ingredients

牛番茄 TOMATO —2个
菠菜 SPINACH —2或3把
柴鱼片 SHREDDED BONITO —少许（装饰）

[腌汁]

水 WATER —500mL
柴鱼片 SHREDDED BONITO —10g
酱油 SOY SAUCE —1大匙
味醂 MIRIN —1大匙
砂糖 SUGAR —1/2小匙
盐 SALT —1小匙

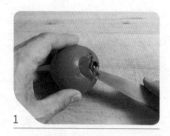

1

用小刀在番茄蒂的周围划一圈，把蒂挖出来。

2

另外一端切十字。

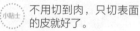

小贴士　不用切到肉，只切表面的皮就好了。

3

旁边准备一盆冰水。把番茄放入沸水锅里，烫10秒左右。

小贴士　不是为了煮番茄，让皮稍微卷起来就好了。

4

马上放入冰水里，让番茄的皮缩紧。

 小贴士　有温度差才容易剥皮。

5

从十字的部位开始剥皮。

6

接下来要烫菠菜。菠菜洗净后，用刀子切掉根。

小贴士　不要把整个根切掉哦！连在一起比较好处理。

7

沸水里加入一点盐，先把茎放进去，稍微变软一点再全部放入。

8

烫10秒左右，变成漂亮的绿色就可以拿出来。

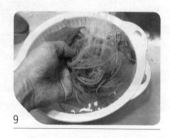

9

放入冰水里，使其冷却。

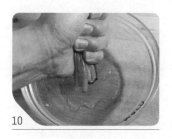

10

挤压出多余的水分。

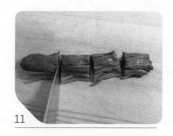

11

把根切掉，再切成容易入口的大小。

12

准备腌汁。将500mL的水倒入锅子中，煮沸后放入捏碎的柴鱼片。

13

转小火，煮1分钟左右，如果表面有很多杂质，需要捞出来。

14

放入酱油、味醂、砂糖和盐混合均匀。

15

将去皮的番茄放进去，先把下面的部分煮2分钟左右。

16

翻面继续煮，2分钟后熄火。

17

碗里放上切好的菠菜，倒入腌汁（步骤16）。

18

放入番茄及剩余的腌汁，冷却后放入冰箱冷藏室，约腌半天后就可以吃了。装盘时把番茄切成8块，再淋上腌汁。

 小贴士 可以放2~3天，放越久越入味哦！

Mamebu
核桃丸子汤

WALNUT DUMPLING SOUP

- 分量　　**2** 人份
- 烹调时间 **30** 分钟
- 难易度　★★★☆
- 便当入菜 Yes

很久没看过这么好看的日剧了~！在日本，有一部在早上播出的连续剧叫《小海女》（あまちゃん，Amachan），我看了第一集之后就很喜欢！节目里常出现的一道料理叫"まめぶ"（Mamebu）到底是什么呢？听说是日本岩手县的乡土料理，但我之前在日本时没有听过。节目中说它不是甜点，但也不是咸料理，那么，我想来体验看看好不好吃。じぇじぇじぇ~！（'jjj'），很好吃呢！核桃和黑糖组合很好，外皮软弹、里面松

材料 Ingredients

水 WATER —600mL
干海带 DRIED KELP —5~6cm
干香菇 DRIED SHITAKE MUSHROOMS —3朵
白萝卜 DAIKON —1片（5cm厚）
胡萝卜 CARROT —1/4根
牛蒡 BURDOCK ROOT —1/4根
油豆腐 DEEP FRIED TOFU —1/2盒
柴鱼片 SHREDDED BONITO —30g
酱油 SOY SAUCE —1.5大匙
盐 SALT —适量

[核桃丸子]

低筋面粉 CAKE FLOUR —50g
糯米粉 GLUTINOUS RICE FLOUR —50g
温水 WARM WATER —55mL
核桃 WALNUTS —15g
黑糖 BROWN SUGAR —20g

脆！直接吃丸子就已经很棒，趁丸子还在嘴巴里时再喝点汤，感觉很不错哦！可以享受奇妙的组合！

1 准备汤底。在量好的水里放入干海带，泡约30分钟。

2 干香菇泡水变软。

3 准备Mamebu的主角，核桃丸子！碗里加入低筋面粉和糯米粉。

小贴士 大部分地道的核桃丸子只用低筋面粉，但我觉得加入糯米粉，口感会更好！

4 两种粉搅拌混合。

5 加入温水。

小贴士 加入温水比较容易黏在一起。

6 开始搅拌。

小贴士 如果水分不够，再补一点水哦！

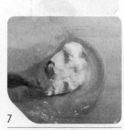

7 尽量不要揉太多次，产生太多面筋口感会太硬！大致揉成一团就可以了。

8 用保鲜膜覆盖，让面团休息一下。

小贴士 刚揉好的面团有一点弹性，静置后变软一点，比较好处理。

9 核桃用锅子干炒出香味来。

小贴士 如果没有核桃，可以用自己喜欢的坚果类代替哦！

10 若是使用黑糖块，需切成小粒，如果使用普通黑糖（粉），可以直接加入丸子里或加入一两滴水。

11 捏成黑糖球。

小贴士 水不要加太多，一点点水分（像滴眼药水的量）就可以捏成形。

12

将核桃、黑糖球分别分好（每个丸子里可以放1颗黑糖球＋2或3粒核桃）。

13

面团搓成长条，切成10等份。

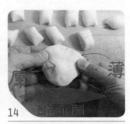

14

把切好的面团捏成"中间厚边缘薄"的圆形。

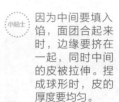

小贴士 因为中间要填入馅，面团合起来时，边缘要挤在一起，同时中间的皮被拉伸。捏成球形时，皮的厚度要均匀。

15

中间放2或3粒核桃和1粒（或1/4小匙）黑糖后，包起来。

16

封口捏紧。

17

调整形状。

18

习惯后，可以捏得很快！一边看电视剧《小海女》，一边捏，更好玩！

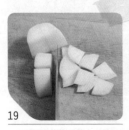

19

准备"咸"的部分。把白萝卜切成扇形。

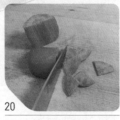

20

胡萝卜切成同样的形状。

21

牛蒡切好，泡水避免变色。

22

泡发的香菇切片。

196

23

油豆腐切成小块。

24

食材都切好了！

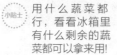 用什么蔬菜都行，看看冰箱里有什么剩余的蔬菜都可以拿来用！

25

装海带的锅子开中火，开始沸腾时就可以把海带拿出来。

 海带煮太久，黏液会出来。

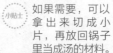 如果需要，可以拿出来切成小片，再放回锅子里当成汤的材料。

26

我还准备了柴鱼片包。做法很简单，就是把柴鱼片塞进茶包里，可以多准备一点，放在保鲜盒里超级方便！

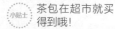 茶包在超市就买得到哦！

27

放入锅子里，沸腾后转小火，2~3分钟让味道出来后取出。

 没有茶包也没关系！按一般熬高汤的方式，把柴鱼片直接放入，煮好后再过滤就好了！

28

切好的材料全部放入锅子里，先用中火煮沸，再转小火煮到蔬菜变软。

29

胡萝卜和牛蒡变软后，加入酱油和盐调整味道。

 调味料的分量可以自己调整哦！

30

放入核桃丸子！煮到丸子浮上来，可以吃了！
o（≧▽≦）o ｡｡:*☆

简单好吃！
红白萝卜与
可爱马克杯蒸

Set Meal

超级简单！
酱油 & 奶油
香炒红白萝卜

SOY SAUCED & BUTTER FLAVORED DAIKON & CARROT

- 分量　　**1** 人份
- 烹调时间　**5** 分钟
- 难易度　★☆☆☆
- 便当入菜　Yes

使用白萝卜做的料理大部分都是煮的，其实用炒的方式来烹调也很适合！这次为了加点颜色，我另外准备了胡萝卜，一起做成超级简单的炒菜。其实奶油和酱油一起炒的食材都很好吃，但白萝卜和奶油一起炒的机会很少，我自己也很少用这种组合。两种颜色的萝卜切成丝一起炒，马上就可以闻到很棒的香味！虽然做法非常简单，也没有用到很复杂的调味，但是不要小看这道菜！

材料 Ingredients

白萝卜 DAIKON —100g
胡萝卜 CARROT —50g
奶油 BUTTER —1小匙
清酒 SAKE —2大匙
酱油 SOY SAUCE —2小匙
砂糖 SUGAR —1.5小匙
白芝麻 WHITE SESAME —少许

199

1

白萝卜切成薄片。

2

再切成丝。

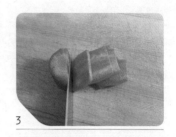

3

胡萝卜同样切丝。

 也可以用南瓜或地瓜代替胡萝卜哦！

4

平底锅放入奶油，开中火，熔化后放入胡萝卜。

小贴士 先放入比较硬的食材炒一下。

5

放入白萝卜。

6

倒入清酒，炒至喜欢的口感。

7

加入酱油和砂糖搅拌均匀。

8

撒一点白芝麻，完成！美味的料理不一定要很多步骤哦！

简单"马克杯蒸"
鸡肉 & 虾

MUG STEAMED SAVORY PUDDING

- 分量 **1** 人份
- 烹调时间 **15** 分钟
- 难易度 ★★★☆
- 便当入菜 No

小时候我很爱吃蛋料理，茶碗蒸也是喜欢的料理之一，最好玩的是，可以从滑嫩的蛋里挖出很多材料来。光听它的名字，就知道做这道料理时，需要准备茶碗蒸用的小杯子，但家里没有还要为了做这道料理去买这些小杯子吗？其实不用哦！家里有什么杯子拿来蒸就好了！马克杯也很适合哦！里面放入的材料可以自己选择，用喜欢的杯子放喜欢的食材进去，做一道有个人特色的茶碗蒸吧！

材料 Ingredients

干香菇 DRIED SHITAKE MUSHROOMS —2朵
鸡胸或鸡腿肉 CHICKEN BREAST OR THIGH —60g
酱油 SOY SAUCE —1/4小匙
金针菇 ENOKI MUSHROOMS —1/4包
虾仁 PEELED PRAWNS —5或6片
毛豆（烫过）EDAMAME —6~8粒
菠菜（烫过）SPINACH —10g
鸡蛋 EGG —1个

[汤汁]

高汤 DASHI/JAPANESE BROTH —140mL
清酒 SAKE —1.5小匙
盐 SALT —1/4小匙
酱油 SOY SAUCE —1/2小匙

1

准备高汤（参考P.11）。

2

如果有冷冻保存的高汤，直接拿出来解冻！

3

干香菇泡水。

4

鸡肉（鸡胸肉或鸡腿肉都可以）切成小块。

5

加入一点酱油拌匀，腌10分钟左右。

6

金针菇切段。

7

变软的干香菇切成小片。

8

我还准备了虾仁、烫过的毛豆和菠菜。

小贴士　传统的茶碗蒸通常会加入鱼板、银杏等，看看冰箱冷藏室和冷冻室有什么食材，切成小块放进去就好了！

9

准备汤汁。高汤里加入清酒、盐与酱油。

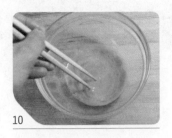

10

将鸡蛋打散。

 混合均匀就好，不要打发哦！

11

倒入步骤9的汤汁混合均匀。

12

将处理好的材料（除了菠菜以外）装在杯子或碗里。

 菠菜是装饰用的，蒸熟后放在上面。

13

调好的蛋液过滤后，倒入杯子里。

 要做口感柔滑的蒸蛋，就要去掉杂质。

14

准备蒸笼或锅子，倒入水，开火煮沸。

15

蒸汽出来后，转中火，放入装好馅的杯子，盖盖。

16

旁边放一根筷子，让蒸汽出来，继续加热6~8分钟。

 如果锅子里温度太高，蛋液容易沸腾，会产生很多气泡，口感变差。

17

打开盖子看看！凝固了！

 如果还没凝固，再继续加热。

18

上面放菠菜后再盖起来，用余热把菠菜加热一下，就完成了！

水果风味！
橘子猪排
红酒鸿禧菇组合

Set Meal

当季水果 & 菇
(佐) 红酒巴萨米克醋味噌酱

SEASONAL FRUIT & MUSHROOMS WITH BALSAMIC VINEGAR MISO SAUCE

- 分量 **1** 人份
- 烹调时间 **10** 分钟
- 难易度 ★★☆☆☆
- 便当入菜 Yes

如果买了很多水果，没吃完怎么办？想做成炒菜但又不想太普通的组合？可以让果肉较脆的水果和菇类合作，一定是很棒的料理！这次我用了鸿禧菇，先把香味炒出来，再放入柿子炒一下，留住它的口感和果香味，另外我还准备了很棒的红酒酱！看到菜名感觉奇怪吗？红酒、巴萨米克醋，还有味噌？其实它们都是发酵做出来的食物，所以一起煮的味道很有统一感！味道浓郁，还有温和的醋味，可以把所有的味道中和，吃起来完全不会腻！不仅淋在炒菜上，还可以搭配煎过的猪排或鸡腿肉，味道超级棒！所以不管哪个国家的材料都可以制作，一起做非常棒的无国界调味汁吧！

1

柿子切半，这次只用一半，另外一半包起来，放在冰箱冷藏室，下次再用吧！

小贴士 也可以用西洋梨、苹果或牛油果代替柿子哦！

材料 Ingredients

柿子 PERSIMMON —1/2个
鸿禧菇 SHIMEJI MUSHROOMS —1包
奶油 BUTTER —1小匙
盐、黑胡椒 SALT & BLACK PEPPER —各适量
巴萨米克醋 BALSAMIC VINEGAR —1/2大匙
红酒 RED WINE —2大匙
味醂 MIRIN —1/2大匙
酱油 SOY SAUCE —1/4小匙
味噌 MISO —1/4小匙
奶油 BUTTER —1/4小匙

2

再切一半，切掉蒂后削皮。

3

滚刀切，切成长三角形。

小贴士 切成与鸿禧菇一样的大小就好了！

4

将鸿禧菇的根切掉。

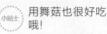

小贴士 用舞菇也很好吃哦！

5

用手撕散，不要撕得太小，最好还有几根连在一起的。

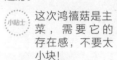

小贴士 这次鸿禧菇是主菜，需要它的存在感，不要太小块！

6

平底锅放入奶油块，开中火，奶油熔化后，放入鸿禧菇。

7

放入后不要动，煎到有一点金黄色时再翻面。

小贴士 这样可以享受更多菇的香味！

8

放入切好的柿子。

9

撒上盐和黑胡椒，拌炒一下。

10

倒出来保温。

小贴士 加入柿子之后，不要加热太久，不然水果变软、碎掉，口感不好。

11

锅子不用洗，直接倒入巴萨米克醋、红酒、味醂与酱油，用小火煮出稠度。

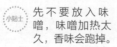

小贴士 先不要放入味噌，味噌加热太久，香味会跑掉。

12

放入味噌，搅拌一下，熔化后熄火。

13

放入奶油块，搅拌使其乳化，将炒好的菇和柿子装在盘子上，上面淋酱，搭配面包吃很棒哦！

猪排 佐 橘子白酒酱

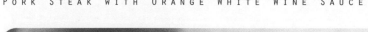

PORK STEAK WITH ORANGE WHITE WINE SAUCE

- 分量 **1** 人份
- 烹调时间 **15** 分钟
- 难易度 ★★★☆
- 便当入菜 **Yes**

猪排要配什么酱汁呢？这次我再来介绍一种水果味的酱汁！放入水果的酱汁会不会偏甜？完全不会！煎肉的精华都在锅子里，倒入白酒，让精华熔化到白酒里，然后加入甜橙或橘子汁煮一下，可以闻到超级棒的香味！这种酱不仅可以搭配猪肉，也可以搭配白身鱼类，如鳕鱼、旗鱼、鲷鱼或三文鱼等！又学会一种好用的酱汁！^^v

材料 Ⅿⅿⅿ Ingredients Kitchen

橘子（或甜橙）ORANGE —2个（100mL）
猪里脊肉 PORK LOIN —2片
盐、黑胡椒 SALT & BLACK PEPPER —各适量
高筋面粉 BREAD FLOUR —1/2大匙
色拉油 VEGETABLE OIL —少许
白酒 WHITE WINE —50mL
百里香 THYME —少许（不加也可以）
味醂 MIRIN —1/2大匙
盐、黑胡椒 SALT & BLACK PEPPER —各适量
奶油 BUTTER —1小匙
四季豆（烫过）GREEN BEANS —7或8根

1
准备酱汁。把橘子洗净后削皮。
小贴士 也可以用甜橙哦！

2
将皮切丝。

3
橘子切半，挤出橘子汁。

4
将猪里脊肉片的筋间隔2～3cm切断。
小贴士 筋存在于脂肪和肉之间。

5
撒上盐和黑胡椒。

6
由于肉片不是很厚，要封住肉汁就要均匀裹上高筋面粉，然后拍掉多余的粉。

 用高筋面粉可以比较均匀地蘸粉哦！

 如果买到比较厚的猪肉片，不用蘸粉，直接煎就好了！

7

平底锅开中火，加一点油后，放入肉片，煎至金黄色。

 蘸粉后要马上煎，不然肉的水分会让表面变得黏黏的。

8

两面都煎成金黄色后，移到盘子上，放在旁边保温。

9

平底锅不用洗，直接倒入白酒，开中火。

10

用筷子或木头汤匙轻刮表面，让肉汁熔化出来。

 这种肉汁可以做很好吃的酱汁！

11

倒入橘子汁。

12

加入橘子皮丝和百里香。

13

加入味醂，继续煮至稍微浓稠的样子。

 根据橘子的甜度调整分量！

14

出现稠度后转小火，放入盐、黑胡椒和奶油。

 加入一点奶油，可以让酱汁更浓郁！

15

将煎好的猪肉放回锅子里，加热后装盘，旁边可以放上四季豆。

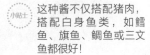 这种酱不仅搭配猪肉，搭配白身鱼类，如鳕鱼、旗鱼、鲷鱼或三文鱼都很好！

汉堡肉配三色舞菇煎番茄的华丽组合

Set Meal

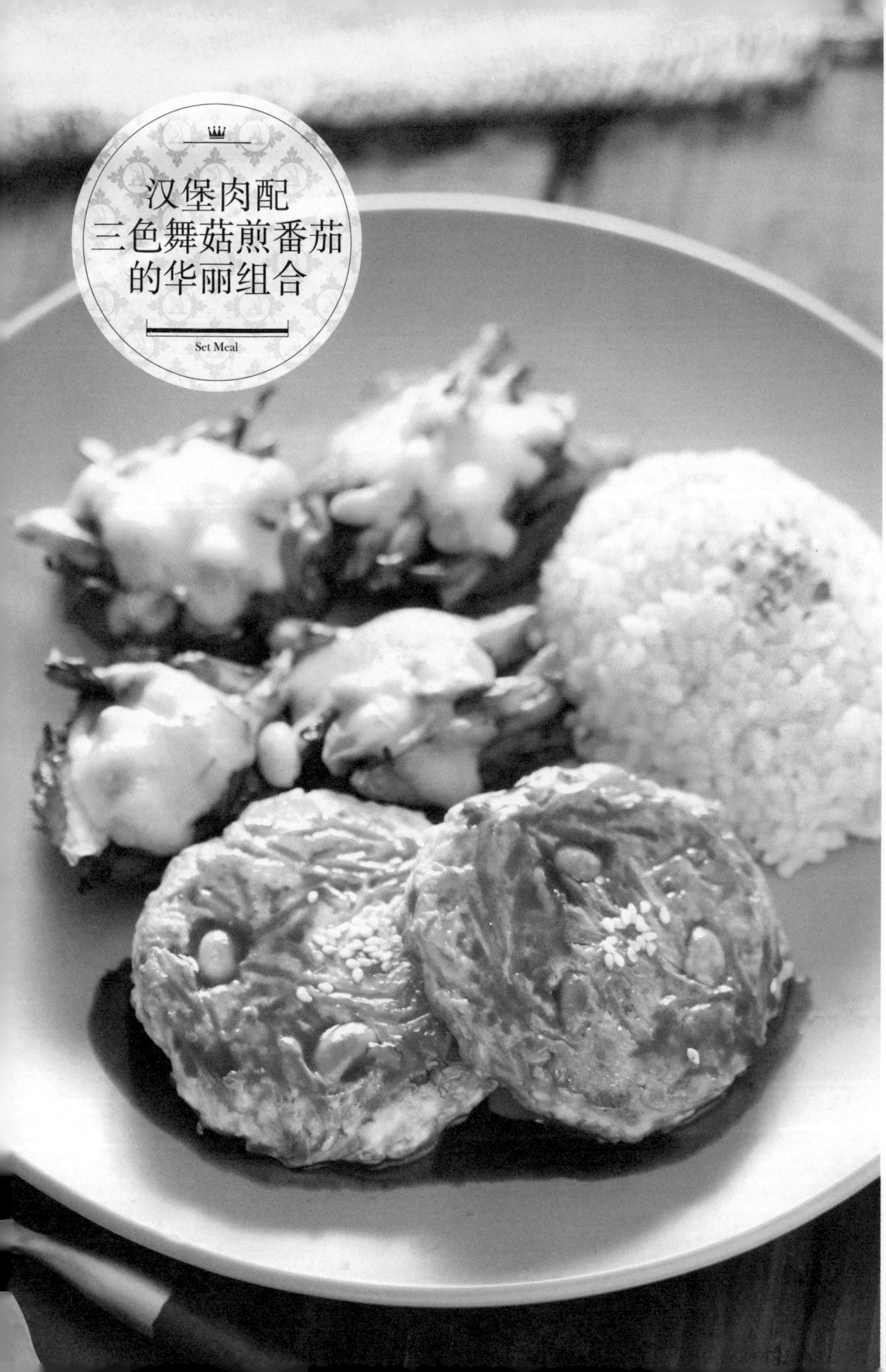

美丽又美味!
三色舞菇煎番茄奶酪

ROASTED MUSHROOM TOMATO WITH CHEESE TOPPING

- 分量　**1** 人份
- 烹调时间　**8** 分钟
- 难易度　★★☆☆
- 便当入菜　**Yes**

做了一道美味的料理,但装盘时却缺少菜色?可以试试这道菜!配菜时要搭配蔬菜的颜色(通常我会准备红色、绿色和白色),烹饪方式也要调整。当然直接放一些生菜类也可以。如果想要再丰富一点,这道料理就很适合!番茄和奶酪本来就是很登对的组合,中间夹上喜欢的蔬菜增加丰富感,然后在材料上放披萨奶酪,放入烤箱烤出美味。用平底锅加热也可以,奶酪的熔化速度也很快!这道料理已经有红、白、绿色,颜色非常漂亮,就不用再准备其他的配菜了!它可以单独吃,也可以搭配面包当做早餐!

1

用哪种菇类都适合做这道料理,这次我用的是舞菇。

材料
Ingredients

舞菇 MAITAKE MUSHROOMS —1/2包
牛番茄 TOMATO —1个
毛豆 EDAMAME —1/2大匙
(其他青菜也可以)
橄榄油 OLIVE OIL —少许
盐、黑胡椒 SALT & BLACK PEPPER —各适量
披萨奶酪 PIZZA CHEESE —20g

2

去掉包装，用刀子将下面连在一起的部位切开。

（小贴士）整个都可以用。

3

牛番茄切成1cm左右厚度的圆片。

4

这次买到了新鲜的毛豆！在沸水里加点盐，放入毛豆煮软。

5

放入冷水里冲洗，冷却后，放入网筛里沥干。

（小贴士）也可以用冷冻保存的青菜类哦！

6

平底锅开中火，倒入一点橄榄油后，放入舞菇。

7

等到有一点金黄色时再搅拌，加入盐和黑胡椒。

8

放入毛豆混合后，移至锅子旁边。

9

再加入一点橄榄油，放入切好的番茄，上面撒盐和黑胡椒。

10

有一点颜色时就可以翻面。

11

熄火，将步骤8的材料放在番茄上。

（小贴士）已经关火了，慢慢来哦！

12

放上披萨奶酪，盖上盖子，开小火，让奶酪熔化（1~2分钟）。

MASA的料理手帖
Tips

剩余的毛豆直接装入密封袋，放进冰箱冷冻室保存，可以放2～3星期！使用时，提前拿出来解冻，直接放入料理中就好了！

照烧豆芽
鸡肉汉堡肉

BEAN SPROUT HAMBURG STEAK WITH TERIYAKI SAUCE

- 分量 **2** 人份
- 烹调时间 **15** 分钟
- 难易度 ★★★☆
- 便当入菜 Yes

哇！又一个蔬菜汉堡食谱来了！大家很爱吃的汉堡肉可以有很多变化，这次我把蔬菜和肉泥混在一起，普通的汉堡只是加入一点洋葱末而已，但我觉得加入的蔬菜分量可以再丰富一点！所以我选了鸡胸肉泥和豆芽合作，热量比较低的鸡胸肉本来口感比较干，但是加入豆芽可以补充很多水分，吃起来脆脆的！山药泥增加了松软、绵密的口感，并有毛豆的豆香味，很适合装在便当盒里哦！^^b

材料 Ingredients

鸡胸肉 CHICKEN BREAST —160g
山药泥 JAPANESE YAM PASTE —1大匙
盐 SALT —1/4小匙
白芝麻 WHITE SESAME —少许
葱（切末）CHOPPED SCALLIONS —1根
豆芽 BEAN SPROUT —150g
低筋面粉 CAKE FLOUR —2小匙
毛豆（烫过）EDAMAME —1大匙
色拉油 VEGETABLE OIL —少许

[照烧酱]（1人份）

酱油 SOY SAUCE —1大匙
清酒 SAKE —1大匙
味醂 MIRIN —1大匙
盐、黑胡椒 SALT & BLACK PEPPER —各适量

1

准备鸡肉泥，可以买现成的，也可以买鸡胸肉，用调理机打或用刀子切都可以。

213

2

准备山药泥。最简便的方式是削皮后，放入袋子里。

3

用擀面棍或空瓶子敲打成泥。

4

因为它可以冷冻起来，一次可以多准备一点，剩余的放入冰箱冷冻室保存（可以放2～3星期）。

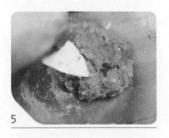

5

肉泥里加入盐，搅拌出黏度。

小贴士 先加入盐搅拌，可以做成口感绵密的汉堡肉!

6

放入山药泥、白芝麻与葱末，混合均匀。

7

另一个主角出场了！豆芽切段后装在碗里，加入面粉混合均匀。

小贴士 蘸裹面粉后比较容易与肉泥混合!

8

将肉泥与豆芽混合。

9

另外可以加入喜欢的青菜，这次我用了烫过的毛豆。

小贴士 切丁的四季豆、芦笋、西兰花都可以用哦!

10

平均分成4份。

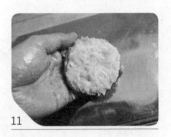

11

手上涂一点油，将每份捏成扁圆形。

12

平底锅开中火，加入一点油，放入汉堡肉。

13

两面煎至金黄色。

14

盖盖转小火，焖3分钟，熄火后（盖子不要拿起来）继续焖2～3分钟。

 熟得很快，熄火后再焖一下就熟了！

15

准备酱汁。将照烧酱的材料全部混合。

小贴士 2片汉堡的分量！

16

将煎好的汉堡拿出来。

17

锅子里倒入调味料，开中火煮一下。

18

放入两片汉堡，均匀蘸裹酱汁，就可以装盘了。

MASA的料理手帖
Tips

另外两片汉堡肉冷却后，可以装入密封袋，放入冰箱冷冻室保存（可存放1星期左右）。

215

日式改良风味，
咖喱鸡肉芥末
凯撒沙拉组合

Set Meal

咖喱风味
(炒) 莲藕鸡肉

C U R R Y   F L A V O R E D   L O T U S   R O O T   &   C H I C K E N

■ 分量	**1** 人份
■ 烹调时间	**15** 分钟
■ 难易度	★★☆☆
■ 便当入菜	Yes

莲藕的口感很特别，会因为加热时间的长短，口感发生不同的变化。加热时间短，可以享受脆脆的口感；加热时间长，可以享受软软的口感；若磨成泥加入汉堡肉里，就变成松软绵密的口感！做日式家庭料理时，可以加入到煮物类或炊饭中，这次我就来介绍一道辛辣滋味的鸡肉料理！在表面煎得鲜嫩多汁的鸡肉和莲藕里加入茴香籽和咖喱粉一起炒，喷香又漂亮的炒菜简单就完成了！

材料 Ingredients

莲藕 LOTUS ROOT —100g
红甜椒 RED BELL PEPPER —1/2个
黄甜椒 YELLOW BELL PEPPER —1/2个
鸡腿肉 CHICKEN THIGH —1支
盐、黑胡椒 SALT & BLACK PEPPER —各适量
小茴香籽 CUMIN SEEDS —少许
清酒 SAKE —2大匙
咖喱粉 CURRY POWDER —1/2大匙
盐、黑胡椒 SALT & BLACK PEPPER —各适量
香菜 CILANTRO —1把

1 莲藕削皮。

2 这次我要享受它脆脆的口感，先切2cm左右厚的薄片，再切成小块。

3 浸泡在水里。

4 将红、黄甜椒切成与莲藕同样的大小。

5 鸡腿肉切成容易入口的大小，撒上盐和黑胡椒。

6 锅子开中火，将切好的鸡肉块皮朝下放入。

7 撒一点小茴香籽。

8 表面煎成金黄色后，放入莲藕。

9 倒入清酒后，盖盖，用小火焖熟。

 焖2~3分钟，也可以焖到自己喜欢的口感！

10 放入切好的红、黄甜椒。

11 加入盐、黑胡椒和咖喱粉，炒出香味。

12 放入切末的香菜拌匀，就可以装盘了！

炸豆腐
拌 和风黄芥末
凯撒沙拉

JAPANESE CAESAR SALAD WITH DEEP FRIED TOFU

- 分量 **2** 人份
- 烹调时间 **8** 分钟
- 难易度 ★☆☆☆
- 便当入菜 **Yes**

凯撒沙拉我最喜欢的是方块烤面包，还有浓郁的奶酪味沙拉酱，这次我用了炸豆腐代替烤面包，味道也很好，还有烤过的豆香味。另外我准备了以酱油为基底的奶酪沙拉酱，本来凯撒沙拉酱都是用鳀鱼做的，但是这种材料很难找，而且有的人不太习惯吃那种很咸又腌过的鱼酱，所以我这里介绍的组合是味醂和黄芥末籽酱，味道温和，有微甜和微酸的味道，如果再加入烫过的虾、墨鱼、干贝等，就变成更豪华的海鲜沙拉啦！

材料
Ingredients
MASA Kitchen

炸豆腐 DEEP FRIED TOFU —4或5块
紫洋葱 RED ONION —1/8个
罗曼生菜 ROMAN LETTUCE —4或5张
圣女果 MINI TOMATOES —6~8粒
盐、黑胡椒 SALT & BLACK PEPPER —各适量
奶酪粉 PARMESAN CHEESE —1/2大匙

[和风沙拉酱]

蛋黄 YOLK —1个
盐 SALT —1/4小匙
砂糖 SUGAR —1/2小匙
黄芥末籽酱 DIJON MUSTARD —1小匙
酱油 SOY SAUCE —1/2小匙
味醂 MIRIN —1小匙
白醋 WHITE VINEGAR —1/2小匙
伊薇橄榄油 E.V.OLIVE OIL —30mL

1

这次我要用油豆腐来做"面包丁"！

2

油豆腐切成小方形。

3

烤盘上铺烘焙纸或锡箔纸，放上切好的豆腐。

4

放入预热好（上下火200℃）的烤箱，烤至酥脆（大概5分钟）。

5

紫洋葱沿逆纹切成薄片后泡水。

6

碗里放入蛋黄，再加入和风沙拉酱的其他材料（不含橄榄油）搅拌均匀。

7

倒入橄榄油前，先准备"固定位置"，将湿的抹布卷成圈。

8

将装好调味料的碗放在上面。

 这样可以固定碗，倒入色拉油搅拌时就不用一直抓着碗。

9

一边加入少量的橄榄油，一边搅拌，让它们乳化。

 为避免油和醋分离，一次不要加入太多哦！

10

将洗好的罗曼生菜切段。

11

不要忘记烤箱里的油豆腐！拿出来撒一点盐和黑胡椒。

12

将罗曼生菜、圣女果、紫洋葱和油豆腐放入碗里。

13

倒入准备好的和风沙拉酱。

14

加入奶酪粉后拌匀，就可以装盘了！

食材与颜色都丰富华丽的美味组合

Set Meal

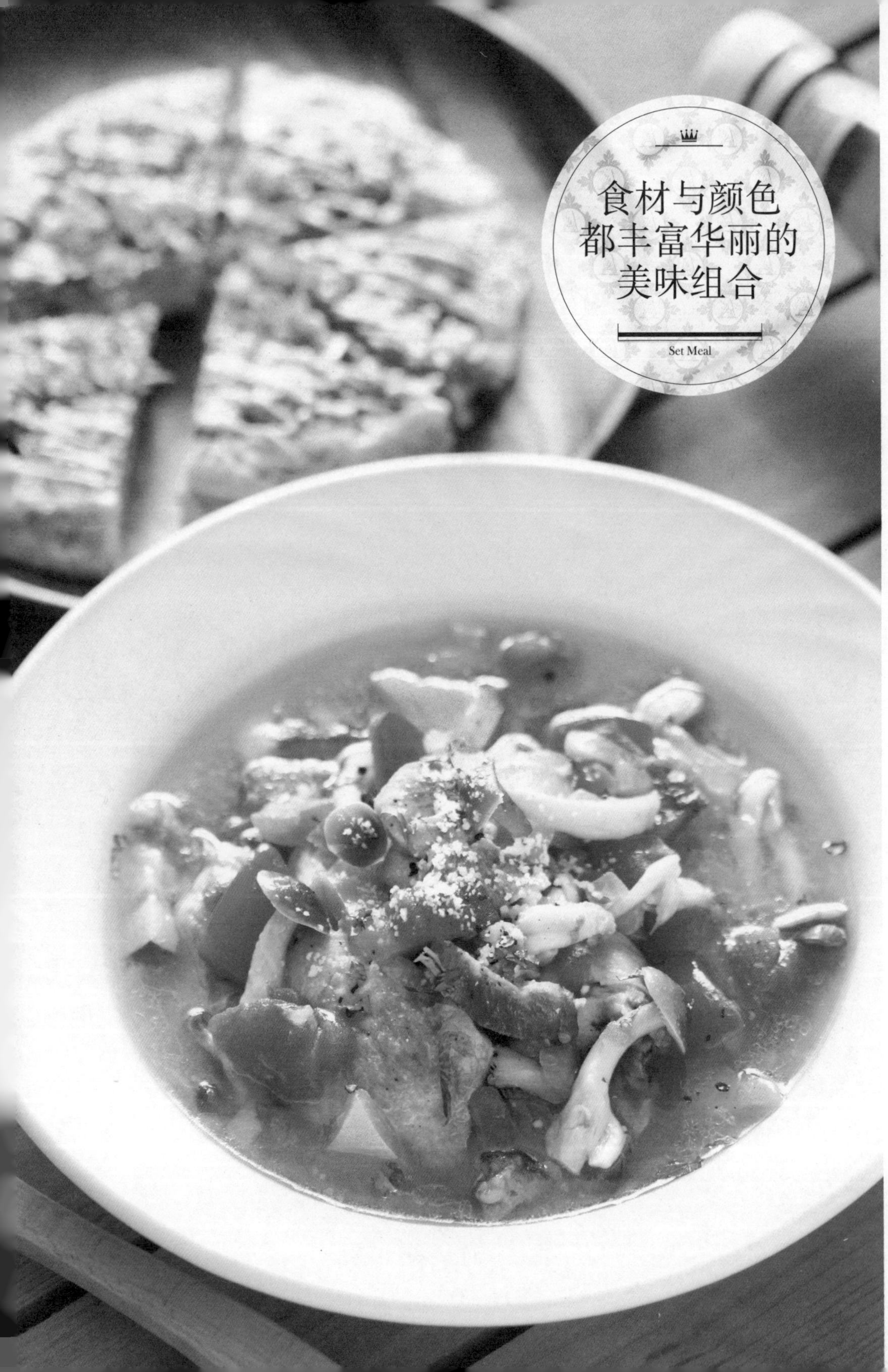

免面粉
松软豆腐大阪烧

NON-CARB TOFU FILLING OKONOMI-YAKI

- 分量　**1** 人份
- 烹调时间 **20** 分钟
- 难易度 ★★★☆
- 便当入菜 **Yes**

大阪烧、章鱼烧在日本叫"粉もの"（Konamono），就是用面粉制作的食物，大阪烧就是将圆白菜和面糊混合后煎制的简单料理，如果不想吃淀粉类怎么办？参考这道食谱就对了，可以享受美味又健康的大阪烧！加入的豆腐和山药，口感超级松软！里面放什么食材可以自己决定，海鲜、猪肉都可以，加入韩式泡菜也不错哦！

材料 Ingredients

老豆腐 FIRM TOFU —60g
山药泥 JAPANESE YAM PASTE —1大匙
（不加也可以）
柴鱼片 SHREDDED BONITO —1把
盐 SALT —1/4小匙
鸡蛋 EGG —1个
圆白菜 CABBAGE —60g
虾仁 PEELED PRAWNS —6个
色拉油 VEGETABLE OIL —少许
猪排酱 TONKATSU SAUCE —2小匙
蛋黄酱 MAYONNAISE —1/4小匙
柴鱼片 SHREDDED BONITO —少许

1

将老豆腐捏碎，放入碗里。

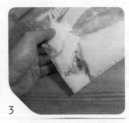

2

用搅拌器把豆腐打得更细。

3

加入山药泥。我是把之前
打成泥冷冻保存的拿出来
使用，取大概1大匙的分
量解冻。

小贴士 加入山药，可以
做出更松软的
大阪烧，如果没
有，不加也可以。

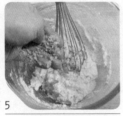

4

山药泥放入豆腐里。

5

放入捏碎的柴鱼片和盐。

6

放入鸡蛋，搅拌混合。

7

把圆白菜叶子洗净，切成
丝。

8

将圆白菜丝再切成细丁。

小贴士 切细一点再煎比
较容易处理哦！

9

将切丁的圆白菜放入碗里。

10

用刮刀拌匀。

11

平底锅开中火，把虾仁煎
熟。

小贴士 海鲜类容易出
水，我建议先加
热，让多余的水
分蒸发。

12

煎好后，把虾仁拿出来。

13

平底锅开小火，倒入一点油，把大阪烧馅放入锅子里。

14

煎的时候，可以用锅铲调整形状。

15

上面摆上煎好的虾仁，煎至下面一半有凝固。

小贴士 如果要做海鲜很多的大阪烧，放入馅里一起煎也可以！

16

翻面的方式有两种：直接用锅铲反过来，或者把大阪烧滑在盘子上面。

17

将锅子盖在大阪烧上，连同盘子翻过来，再把盘子拿掉。

18

耶！大阪烧翻面成功！继续用小火煎至全熟。

小贴士 表面摸起来有弹性就表示熟了！

19

切成6份，上面涂一点猪排酱或牛排酱（A1牛排酱之类）。

20

为了挤出漂亮的纹路，并避免一下挤出太多的蛋黄酱，将蛋黄酱用保鲜膜包起来。

21

下面用牙签刺个洞。

22

挤在大阪烧上面，中间撒上柴鱼片就完成了！

啤酒炖鸡肉 & 蔬菜汤

- 分量　　　**1** 人份
- 烹调时间　**30** 分钟
- 难易度　★★★☆
- 便当入菜　Yes

BEER STEWED CHICKEN & VEGETABLES

用啤酒做料理其实并不奇怪，而且里面的麦香可以让食物多一层风味，如果放入汤里味道会怎么样呢？还是一样可以享受啤酒的麦香味，而且完全没有喝热啤酒那么奇怪哦！不但有啤酒的微苦味，培根和番茄做汤底的味道也非常好！如果不喜欢啤酒的苦味，可以调整一下分量，啤酒再少一点，水多一点也是可以的，搭配黄芥末籽酱也很不错哦！

材料
Ingredients

牛番茄 TOMATO —1个
红甜椒 RED BELL PEPPER —1/2个
黄甜椒 YELLOW BELL PEPPER —1/2个
洋葱 ONION —1/2个
蒜头 GARLIC —2瓣
鸿禧菇 SHIMEJI MUSHROOMS —1/2包
培根（块）BACON —50g
鸡腿肉 CHICKEN THIGH —1支
盐、黑胡椒 SALT & BLACK PEPPER —各适量
水 WATER —100mL
月桂叶 BAY LEAF —1或2片
啤酒 BEER —250mL
盐、黑胡椒 SALT & BLACK PEPPER —各适量
欧芹（切末）PARSLEY —少许（装饰）

1

去番茄皮有几种方法，这次介绍一种比较快的去皮方法！将叉子从番茄蒂插入。

2

放在火上加热

小贴士 不用烤很久哦！皮有一点焦就好了。

3

皮破开卷起来时放入冰水里冷却。

4

把皮撕下来。

小贴士 如果不习惯这种方式，可以参考P.191用另外一种方式。

5

将蒂切下来。

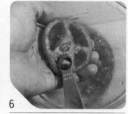

6

将番茄横切，用小汤匙把里面的籽挖出来。

小贴士 籽有酸味，做茄酱汁时最好去掉。

7

切成大丁。

小贴士 切得太小，煮的时候容易碎掉。

8

红、黄甜椒切成小块。

9

洋葱切丁。

10

蒜头切末。

11

将鸿禧菇撕散。

小贴士 可以用自己喜欢的菇类，蘑菇也很好！

12

将培根切成小块。

小贴士 只用鸡肉煮汤，味道不够重，加入培根熬汤，味道更丰富！

13

鸡腿肉切成6等份。

（小贴士）不要切得太小哦！

14

表面撒上盐和黑胡椒。

15

锅子开中火，把鸡腿肉皮朝下放入。

（小贴士）不用加油，让鸡皮的油分熔化出来。

16

煎至金黄色后，翻面，继续煎至金黄色。

17

放入培根和蒜头末，炒出香味。

18

加入洋葱炒至透明。

19

放入鸿禧菇，炒出香味。

20

放入甜椒和番茄。

21

加入水、月桂叶和啤酒。

（小贴士）啤酒的麦香味和微苦味有非常成熟的感觉！如果不习惯，可以调整比例，也可以全部换成水（共350mL）！

22

沸腾后转小火，煮至鸡肉变软。

23

撒上盐和黑胡椒，调整味道。

香浓好滋味，
西兰花汉堡球
搭配巧达汤

Set Meal

烘烤土豆
& 培根巧达汤

- 分量　　**1** 人份
- 烹调时间　**30** 分钟
- 难易度　★★★☆
- 便当入菜　Yes

BAKED POTATO CREAM CHOWDER

想让土豆浓汤比一般浓汤还浓？可以试试这道料理！这里介绍的做法是先用烤的方式加热，让土豆本身的甜味出来，加入汤里。结果味道和口感与平常喝的浓汤完全不一样！烤土豆本来单吃比较干，与浓汤一起吃感觉超级棒！另外煎出来的培根很脆、很香。一碗汤里，滑嫩的、松软的、清脆的都在一起，很有满足感哦！

材料 Ingredients

土豆 POTATO —1个
洋葱 ONION —1/4个
培根 BACON —1片
牛奶 MILK —240mL
奶酪粉 PARMESAN CHEESE —1大匙
盐、黑胡椒
SALT & BLACK PEPPER —各适量
四季豆（烫过）GREEN BEANS —2根

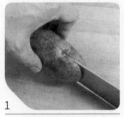

1

土豆洗净后切半。

小贴士 这次我用的是皮色深、肉黄的土豆，它比较容易碎，做成这种料理很适合。

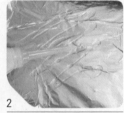

2

锡箔纸铺在烤盘上，上面涂一点油。

小贴士 因为土豆含有淀粉，加热时容易粘黏，用烘焙纸可以避免。

3

将土豆放在上面，放入预热好（上下火200℃）的烤箱里烤熟（15~20分钟）。

4

洋葱切丁。

5

培根切成条状。

6

锅子开中火，放入切好的培根，炒出油分来。

7

炒干后熄火。

8

将培根盛出来。

9 开小火，用培根的油将洋葱炒至透明。

10 倒入牛奶，继续加热。

11 将筷子插入土豆，看看有没有熟。

12 如果已经熟了，取半个出来。

13 另一半用下面的锡箔纸包起来，放回烤箱里，用余热保温。

14 拿出来的土豆去皮。

 趁土豆还温热的时候剥皮比较容易哦！

15 去皮的土豆放入碗里压碎。

16 将土豆泥放入步骤10的锅子里。

17 加入奶酪粉、盐和黑胡椒调整味道。

 因为还要放入另外半个土豆，味道稍微重一点没关系哦！

18 放入烫过的青菜（毛豆、芦笋、菠菜等），这次我用了四季豆。

 如果有冷冻保存的四季豆，拿出来解冻后切段，再放进去！

19 将保温的土豆拿出来，切几刀。

20 用手稍微掰开后，放在汤碗中间，倒入步骤18，上面撒上培根就完成了！

西兰花迷你汉堡球 (佐)茄汁酱

BROMLOLI MEAT BALLS WITH TOMATO SAUCE

▪ 分量	**2** 人份	
▪ 烹调时间	**20** 分钟	
▪ 难易度	★★☆☆	
▪ 便当入菜	Yes	

可爱的汉堡球食谱来了！汉堡与茄汁酱，很传统的组合，但感觉味道很重的样子？完全不会！这次我把传统的肉料理调整得比较清爽！我把西兰花藏在肉泥里，虽然汉堡球看起来味道很重，但一口咬下，不仅可以享受溢出来的肉汁，还有西兰花嫩嫩的口感！一不小心，我就吃了好几个球。热量不像一般汉堡那么高，而且它不怕冷，装在便当盒里也很适合！

材料 Ingredients

[汉堡肉馅]

猪肉泥 GROUND PORK —150g
洋葱 ONION —1/4个
蛋黄酱 MAYONNAISE —1/2大匙
淀粉 TAPIOCA STARCH —1小匙
盐、黑胡椒 SALT & BLACK PEPPER —各适量
西兰花 BROMLOLIS —6朵
高筋面粉 BREAD FLOUR —3大匙左右

[酱汁]

洋葱 ONION —1/4个
蒜头 GARLIC —1瓣
白酒 WHITE WINE —2大匙
水 WATER —100~120mL
番茄酱 KETCHUP —2大匙
（也可以用P.37香浓烤番茄酱汁）
盐、黑胡椒 SALT & BLACK PEPPER —各适量
Tabasco（塔巴斯哥）辣椒酱
TABASCO —少许

1

洋葱切丁。

233

2

蒜头切末。

3

切成小块的西兰花汆烫后，放在网筛上冷却。

 不要放入冰水中冷却，要让它蒸发多余的水分。

4

切丁的洋葱放入锅子里，用中火炒至透明。

5

炒好后倒出一半的分量冷却，另外一半留在锅子制作酱汁。

6

同一锅子里，加入蒜头，开中火，炒出香味。

7

倒入白酒和水，沸腾后转小火。

 用清酒代替也不错哦！

8

放入番茄酱、盐和黑胡椒调整味道，熄火。

9

如果要加入辣味，可以滴一点Tabasco（塔巴斯哥）酱，加入百里香也很好。

10

准备汉堡肉馅。将肉泥放入碗里，加入冷却好的洋葱、蛋黄酱、淀粉、盐与黑胡椒。

 加入一点蛋黄酱，可以做出松软、多汁的汉堡肉，分量可以自己调整哦！

11

搅拌均匀。

12

冷却好的西兰花切成小块。

13

手上涂一点油，取大约1/6的汉堡馅，捏成扁圆形。

14

中间放一个西兰花，从旁边开始包起来。

 西兰花的部位突出来一点也没关系！

15

全部捏好了！

 可以一次多做一些，放入冰箱冷冻室冻起来后，装入密封袋，可以冷冻保存2~3星期。

16

表面蘸一点高筋面粉，可以避免裂开。

17

放入酱汁里，开中火，让汉堡球表面均匀裹满酱汁。

 如果水分不够，可以再补水。

18

转小火，盖盖焖2~3分钟。

19

看到透明肉汁溢出来，熄火、装盘！

 它不怕冷，装在便当盒里也很适合！

纯日式风！
照烧肉与味噌汤
的绝妙搭配

Set Meal

照烧豆芽梅花肉卷

ROLLED BEAN SPROUT WITH TERIYAKI PORK

- 分量 **1** 人份
- 烹调时间 **15** 分钟
- 难易度 ★★☆☆
- 便当入菜 Yes

五花肉片是很好用的食材，在日本叫"ばら肉"（Baramiku），是指肚子部位的肉，可以用在很多料理中，包括日式炒面、大阪烧等，因为很软又多汁，做成什么料理都很好吃，但是它的油分比较多，别担心！我来介绍一道用到很多蔬菜，但五花肉很有存在感的料理！非常香！直接吃或配饭都很适合！

材料 Ingredients

豆芽 BEAN SPROUTS —180g
五花肉薄片 SLICED PORK BELLY —4片
低筋面粉 CAKE FLOUR —少许
盐、黑胡椒 SALT & BLACK PEPPER —各适量
白芝麻 WHITE SESAME —少许
葱花 CHOPPED SCALLIONS —少许

[照烧酱]

清酒 SAKE —2大匙
酱油 SOY SAUCE —2大匙
味醂 MIRIN —2大匙
姜末 GINGER PASTE —1/2小匙

237

 加入蒜泥也很好吃哦！

 如果不方便用磨泥板，将调味料和切成小块的姜放入果汁机搅打也很快！

1

豆芽洗净后，放在沸水里烫10秒左右。

 胡萝卜丝也很好！同样烫一下就可以了！

2

放在网筛里，沥掉多余的水分。

3

将照烧酱的材料混合。

 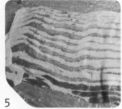  

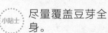

4

豆芽分成4等份。

5

做这种料理，火锅用的五花肉片和梅花肉都很适合。

6

把分好的豆芽放在肉片一端，再卷起来。

尽量覆盖豆芽全身。

7

尾端撒一点低筋面粉。

 面粉可以把肉片粘牢。

8

平底锅开中火，把卷好的食材摆好，撒一点黑胡椒。

9

表面煎好后，拿出来。

10

倒入照烧酱，煮出稠度。

11

把煎好的肉卷放回锅子里，稍微煮一下，让酱汁裹满肉表面，装盘后撒上白芝麻和葱花。

丰富营养!
田园风味噌汤

GRANDMA STYLE VEGETABLE MISO SOUP

- 分量 **2** 人份
- 烹调时间 **20** 分钟
- 难易度 ★★☆☆
- 便当入菜 Yes

日本的传统汤品到底是什么？当然是味噌汤！但做味噌汤最麻烦的部分就是准备高汤。当然可以用颗粒的高汤粉代替，许多忙碌的妈妈们都会利用这种可以省时间的调味料做菜，但是自己做的不但好吃而且更健康。这里不仅介绍味噌汤的做法，还有高汤的做法和保存方式。保存起来的高汤很方便，可以做成很多料理哦！

材料 Ingredients

日式高汤 KATSUO BROTH —500mL
白萝卜 DAIKON —50g
金针菇冰块
ICE CUBED ENOKI —3（13g×3）
豆腐 TOFU —100g
小白菜 BOCK CHOY —2把
味噌 MISO —40g

[高汤]（日式高汤2份量）
水 WATER —1000mL
干海带 DRIED KELP —10g
柴鱼片 SHREDDED BONITO —20g

1

制作日式高汤。将量好的水（1000mL）倒入锅子里，放入干海带，泡30分钟以上。

小贴士 如果要早上做，提前一天浸泡也可以。

2

准备柴鱼片包，做法很简单，把柴鱼片塞进茶包里。

小贴士 茶包在超市就能买得到哦！

3

多做一些装起来，放在保鲜盒里保存超级方便！

4

泡海带的锅子开小火，煮约10分钟后，把海带拿出来。

小贴士 海带煮得太久，黏液会出来，颜色变得混浊。

5

放入柴鱼片包，煮2~3分钟。

小贴士 没有茶包也没关系！把柴鱼片直接放入，煮好后过滤出来就好了！

6

煮好后，把柴鱼包拿出来，挤出袋子里的汤。

7

这次我要做2人份，把大概一半的分量倒出来，放在旁边冷却。

8

准备蔬菜。这次我用的是白萝卜，切成薄片后，再切成三角形。

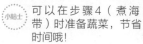 可以在步骤4（煮海带）时准备蔬菜，节省时间哦！

9

将切好的白萝卜放入高汤里，开中火，沸腾后转小火，煮软。

小贴士 如果有金针菇冰块，可以直接放进去哦！

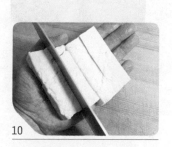

10

豆腐切成小方形。

小贴士 放在手上或砧板上都可以。

11

放入锅子里煮1~2分钟。

12

放入味噌前，先在网筛里用搅拌器打散，这样能更快地熔化！

小贴士 网筛里的碎豆可以放入锅子里。

13

放入喜欢的青菜，再煮一下就可以熄火，装入碗中。

小贴士 放入味噌后，不要煮太久，不然味噌的风味容易散失！

MASA的料理手帖
— Tips —

❶ 剩余的高汤怎么保存？如果几天以内可以用完，直接放在冰箱冷藏就好了，如果要放久一点，可以装在制冰盒里，放入冷冻室。

❷ 将冷冻好的高汤块装入密封袋，再放入冰箱冷冻室，可以存放3~4星期。下次做味噌汤、玉子烧、煮物、腌汁或蘸汁时都可以放进去！

PART **5**

疗 愈 心 灵 的
各 式 美 味 甜 点

甜点，是疗愈心灵的幸福配方。品味甜点，能让人沉浸在美好的氛围里。不管是蛋糕、布丁、可丽饼、慕斯还是冰激凌，样样都是让人心动的滋味。而手作甜点更有无比幸福的魔力，可以为生活增添缤纷气息。找一个悠闲的午后，烘焙甜蜜的美味时光吧！

★★★★

焦糖脆脆香蕉
& 甜橙BBQ

CARAMELIZED BANANA WITH SAUTÉED ORANGE

- 分量 **1** 人份
- 烹调时间 **15** 分钟
- 难易度 ★★☆☆
- 便当入菜 No

甜点有两种：一种是做好后存放，等客人来时拿出来装盘就好了。另一种则是客人要吃时才开始做，这种甜点的好处是可以享受刚出炉的新鲜味道。这次我选了一整年都容易买到的香蕉和甜橙。煎过的香蕉加上香脆的焦糖一起吃非常棒！而且煎过的甜橙可以多一层柑橘香气，吃一整盘也不会腻，若搭配冰激凌一起吃，还可以享受冷热的温度差！如果突然有客人来，想给对方一种特别的甜点，可以试试这道哦！

材料
Ingredients

甜橙 ORANGE —1个
香蕉 BANANA —1根
砂糖 SUGAR —1.5小匙
（撒香蕉用）
杏仁片 SLICED ALMOND —5g
砂糖 SUGAR —1/2~1大匙
（焦糖酱）
水 WATER —1~2大匙
豆浆蜂蜜冰激凌 —适量
（做法参考P.247）

1 处理甜橙，将上下两端切掉。

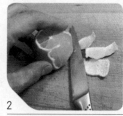

2 立起来，将侧面的皮削掉。

3 切成约0.5cm厚的片状。

 小贴士 不要切得太薄，加热时容易散开。

4 如果有籽，需要挖出来。

5 处理香蕉。把一整条切开,不用剥皮。

6 将砂糖均匀地撒在切面上。

7 用手将表面的砂糖抹平,静置一下,让香蕉的水分出来,把砂糖黏住。

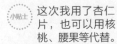

8 将喜欢的坚果放入平底锅,用小火煎至金黄色后倒出来。

小贴士 这次我用了杏仁片,也可以用核桃、腰果等代替。

9 开中小火,将香蕉切面(撒糖的那面)朝下,放在锅子里。

10 用锅铲从上面轻轻按压。

11 确认表面的砂糖均匀焦糖化后,熄火,装在盘子上。锅子不需要洗。

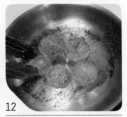

12 将甜橙片放入,开小火,让甜橙片蘸裹剩余的焦糖后,熄火装盘。

13 如果想多一点焦糖酱,补一点砂糖(1/2~1大匙)。

14 加点水,开中火。

15 用木头汤匙轻刮锅底粘住的焦糖,煮至焦糖化。

16 煮至浓稠后,集中在锅子一角熄火,立即淋在盘子上。

小贴士 浓稠的焦糖酱很容易凝固,如果已经凝固,补1/2小匙的水再加热一下,就可以了!

小贴士 煮过焦糖的锅子很黏,感觉很难洗?不用担心!在锅子里加入水加热一下,待焦糖都熔化后就很容易洗掉!

豆浆蜂蜜冰激凌
佐 猕猴桃 & 草莓鲜酱

SOY MILK ICE CREAM WITH FRUIT SAUCE

- 分量　　约 **450** g
- 烹调时间 **20** 分钟
- 难易度　★ ☆ ☆ ☆
- 便当入菜　No

健康的冰激凌食谱来了！一般做冰激凌会用到蛋黄（有时候还要加入淀粉类），煮出稠度。但这样做的冰激凌热量很高。这次我来介绍一道可以控制热量，而且同样好吃的冰激凌！用吉利丁增加稠度，等它凝固后再搅拌，可以做成与冰激凌很接近的绵密滑嫩口感！这次做的冰激凌是原味的，还可以进行很多变化，加入新鲜水果或在豆浆里放入黑芝麻粉、花生粉、黄豆粉等，都很好吃！

材料
Ingredients

吉利丁片 GELATIN SHEET —3g
（或吉利丁粉）

豆浆（无糖）
SOY MILK (UNSWEETENED) —400mL
（可用牛奶代替）

蜂蜜 HONEY —2大匙
红糖 BROWN SUGAR —40g

[快速鲜水果酱]

猕猴桃 KIWI FRUITS —2个
砂糖 SUGAR —1大匙
草莓 STRAWBERRIES —8~10粒
砂糖 SUGAR —1大匙

1
将吉利丁片放入冰水里泡软。

小贴士 如果用吉利丁粉，在小碗里装约1大匙的水，放入吉利丁粉（3g）。

2
豆浆放在锅子里，加入蜂蜜。

小贴士 用枫糖浆或花生酱代替蜂蜜也很好吃！

小贴士 如果不习惯用豆浆，用牛奶也可以哦！

3
放入红糖。

4
开小火，边慢慢加热边搅拌，确认糖全部熔化。

小贴士 豆浆沸腾后容易分离，要注意温度哦！

5
熄火，放入变软的吉利丁片（或吉利丁粉）搅拌，确认吉利丁熔化。

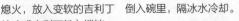

6
倒入碗里，隔冰水冷却。

7
用保鲜膜覆盖，放入冰箱冷冻室，让它"半"结冻。

小贴士 不用等到完全结冻，否则很难处理。

8

放入冷冻室5～6小时（时间根据季节与冰箱的状况略有差别），表面和旁边稍微结冻，中间还没有完全结冻。

小贴士 如果完全结冻，放在室温下让它稍微溶化就好了！

9

用搅拌器搅拌冻起来的部分，像打发鸡蛋一样，让它包起很多气泡后，再盖起来放入冷冻室，让它再次"半"结冻，重复同样的步骤2～3次。

小贴士 重点是要让它很细、很碎，同时包含很多空气，这样才会有绵密、滑嫩的口感！

小贴士 用调理机搅打，效果更好！

10

准备快速鲜水果酱。将削皮的猕猴桃切成小块。

11

放入密封袋里，加入砂糖。

小贴士 砂糖的分量根据水果本身的甜度调整哦！

12

捏紧袋口，用手直接将猕猴桃抓碎。

13

可以立即使用，也可以放入冰箱冷冻室保存。

14

我用同样的方式做了鲜草莓酱。

15

将已经冻起来的水果酱袋子打开，取下需要的分量，放入碗里解冻后可以用在很多甜点中！

小贴士 水果这样处理很方便，淋在可丽饼、松饼上，或与牛奶混合，都很好吃！♪

16

在冻起来的豆浆冰激凌里，加入有一点解冻的两种果酱拌匀，一起吃！

小贴士 我喜欢没有完全混合的样子，可以看到大理石的纹路，非常漂亮，也可以装饰成自己喜欢的样子哦！

香香柿子 ㉜
沙巴雍迷你面包派

PERSIMMON WITH SABAYON SAUCE GRATIN

- 分量　　**2** 人份
- 烹调时间 **20** 分钟
- 难易度　★★☆☆☆
- 便当入菜　No

甜点类搭配的酱汁有几种，有用水果做的，有用巧克力做的，还有用蛋黄做的。这次介绍的Sabayon sauce（沙巴雍）是蛋黄酱系列，可以直接淋在盘子上，或淋在盘子上后烘烤，让它膨胀起来，不但漂亮，也很好吃！将水果用香草炒一下，与切成薄片的面包一起放入烤箱烘烤，就可以做出很有满足感的甜点，用什么水果都可以。在刚出炉的甜点上放上一球冰激凌也很不错哦！

材料 Ingredients

柿子 PERSIMMON —1个
（可用苹果、梨子、香蕉等代替）
奶油 BUTTER —5g
黑糖 BROWN SUGAR —1.5小匙
肉桂粉 CINNAMON POWDER —1/4小匙
迷迭香 ROSEMARY —1支
蛋黄 YOLK —2个
砂糖 SUGAR —30g
白酒 WHITE WINE —30mL
柠檬汁 LEMON JUICE —1/2～1小匙
法国面包 FRENCH BREAD —1/2个
糖粉 ICING SUGAR —适量

1
我用的是脆脆的柿子。

小贴士 柿子可用苹果、梨子或香蕉代替哦！

2
切掉蒂后削皮。

3
切成厚0.5cm左右的薄片。

4
平底锅放入奶油，开中火，奶油熔化后，放入切好的柿子。

5

变软后，加入黑糖与肉桂粉。

（小贴士）如果不喜欢肉桂粉，不加也可以哦！

6

加入迷迭香，翻炒一下，熄火。

（小贴士）迷迭香通常用来做咸味的食物，但是放入这种甜点中也很适合！但不要放入太多，有微微的香味就好了。

7

另一个锅子里放入蛋黄和砂糖（不开火）。

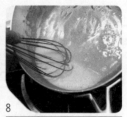

8

把锅子斜放，搅拌成白色（不开火）。

9

倒入白酒继续搅拌，颜色变得更白后，开小火，边加热边继续搅拌！

因为加入了白酒，里面的水分比较多，直接加热也不容易结块，如果还是怕蛋黄结块，用隔水加热的方式（下面放装有热水的炒锅再开小火）慢慢打发也可以。

搅拌至锅子的角落，防止蛋黄糊锅！

10

搅拌至有一点像蛋黄酱的稠度，就可以熄火了！

11

加入柠檬汁调整酸度。

12

把法国面包或吐司面包切成厚约0.5cm的薄片。

13

再切半。

（小贴士）大小可以自己调整，最好切成与柿子同样的大小，装在一起比较有统一感。

14

将柿子和面包摆在焗烤碗里。

15

倒入打发好的沙巴雍酱。

16

放入预热好的烤箱里（上下火200℃），烤至有一点膨胀，上面呈金黄色（6~8分钟）就可以了，最后撒上一点糖粉！

手工半熟蜂蜜蛋糕

FONDUE STYLE JAPANESE HONEY CAKE

- 分量　　　**6**寸**1**个
- 烹调时间　**25** 分钟
- 难易度　　★ ★ ★ ☆
- 便当入菜　　No

第一次看到这个蛋糕时，我以为它是失败的，没有充分膨胀，烤熟也没有拿出来冷却就缩小了，但看到"半熟"这个词，就了解它是故意这样做的，感觉有一点像Fondant au Chocolat（热熔岩巧克力蛋糕），切开时里面的蛋液流出来的样子还挺好玩的。蜂蜜蛋糕是很传统的甜点，日本很多地方都有贩卖，但加上这样的变化，就变成当红的甜点。现在网络上很多知名的烘培蛋糕店都有出售半熟蜂蜜蛋糕。这种蛋糕的做法不是很难，在家里也可以做，这次介绍的配料都是很容易买到的，只有一点非常重要，什么时候从烤箱里拿出来？烤到中间蛋液还流动的样子？还是有一点凝固但还是湿润的样子？其实两种都很好吃，看你自己的喜好！

材料 Ingredients

低筋面粉 CAKE FLOUR —20g
鸡蛋（全蛋）EGG —1个
蛋黄 YOLK —3个
黄砂糖（二号砂糖）
BROWN SUGAR —20g
（用砂糖代替也可以）
蜂蜜 HONEY —20g

1

准备一张大于模具的烘焙纸，铺入蛋糕模具里。

 烘焙纸要大一点，这种蛋糕烤好后非常软，大一点比较容易拿出来。

2

将低筋面粉过筛。

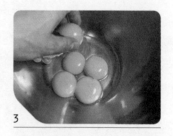

3

蛋黄和全蛋放入碗里。

小贴士 这种蛋糕要烤成半熟的样子，所以要选择新鲜可以生吃的鸡蛋哦！

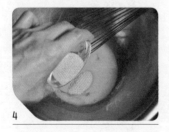

4

鸡蛋稍微搅拌一下，放入二号砂糖。

 用砂糖代替也可以哦。

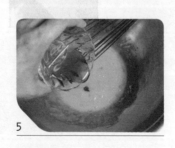

5

放入蜂蜜。

6

一边将蛋液稍微加热（不用太高温），一边搅拌。

 加热的原因有两个：一是让二号砂糖熔化；二是温温的蛋液比较容易打发。

7

蛋液摸起来温热时，就可以离火，隔温水继续搅拌。

8

搅拌成白色，将搅拌器拿高一点，可以看到蛋液成线状流下来。

9

放入过筛好的低筋面粉。

10

用搅拌器或刮刀将面粉混合均匀。

 面糊比较稀，也可以用搅拌器混合比较快，但是加入面粉后，不要搅拌太多次哦！

11

倒入模具里。

12

放入预热好（上下火160℃）的烤箱，烤10~15分钟。

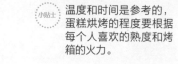 温度和时间是参考的，蛋糕烘烤的程度要根据每个人喜欢的熟度和烤箱的火力。

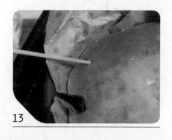

13

看到表面膨胀成金黄色时，摇一下模具，如果中间还能晃动，但是周围已经凝固，将竹签插进去看看里面的熟度，旁边没有面糊粘住竹签就可以了。

14

从中间插进去，看到面糊粘在竹签上。

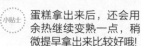 蛋糕拿出来后，还会用余热继续变熟一点，稍微提早拿出来比较好哦！

15

从模具中取出，放在铁架上冷却后，切成自己喜欢的大小！

 注意！蛋糕是半熟的，所以烤好当天要吃完哦！

滑嫩巧克力慕斯杯

- 分量　　**1** 人份
- 烹调时间 **10** 分钟
- 难易度　★★☆☆
- 便当入菜　No

SUPER SMOOTH CHOCOLATE MOUSSE

下面介绍杯子甜点！我想把非常滑嫩的巧克力慕斯装在杯子里，但这次没有加入具有凝固效果的吉利丁或琼脂粉，只是利用巧克力本身的凝固特性，并加入鲜奶油和蛋黄的巧克力，味道非常浓郁，再加入一点点朗姆酒，光闻到香味就已经很棒。另外加入打发的蛋白可以使口感更松软！因为直接装在杯子里，不用特意等很久让它凝固，只要混合好放入冰箱，再加上其他装饰用材料就完成了！我会顺便介绍用白巧克力做的装饰。可以多做一点冷藏保存，还可以用来装饰其他点心！

材料 Ingredients

巧克力 CHOCOLATE —60g
牛奶 MILK —20mL
鲜奶油 WHIPPING CREAM —20mL
蛋黄 YOLK —1个
朗姆酒 DARK RUM —1小匙（不加也可以）
蛋白 EGG WHITE —1个
砂糖 SUGAR —5g
白巧克力 WHITE CHOCOLATE —30g或更多
鲜奶油（打发）WHIPPING CREAM —50mL
杏仁片 SLICED ALMOND —少许
草莓 STRAWBERRIES —2个
猕猴桃 KIWI FRUIT —1个

1 将巧克力块切成小丁，放入钢盆里，隔温水溶化。

2 用搅拌器搅拌一下，确认充分溶化。

3 将牛奶和鲜奶油隔温水加热。

4 将牛奶和鲜奶油倒入巧克力里。

 小贴士 如果牛奶和鲜奶油温度太低，巧克力会马上凝固哦！

5 搅拌均匀。

6 放入蛋黄搅拌均匀。

 小贴士 注意！图片里是我做两倍的分量，所以用到两个蛋黄。

7 加入一点朗姆酒或白兰地。

8 将蛋白加入糖打发。详细方法参考P.276步骤10~13。

9 巧克力很黏，不容易与打发好的蛋白混合，先放入少量（大概1/3），巧克力松懈一点后，再放入1/3拌匀。

10

用刮刀将剩余的蛋白放入拌匀。

11

倒入喜欢的容器中。这次我用了感觉很高级的杯子！放入冰箱使其凝固（2~3小时）。

12

趁其凝固时，准备装饰。这次我要介绍用白巧克力做成羽毛，先把白巧克力隔温水溶化。

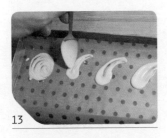

13

用汤匙在烘焙纸上画出水滴的形状。

14

用牙签往外侧画线，再放入冰箱使其凝固。

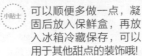
小贴士 不仅羽毛，还可以做成很多形状，星星、爱心、圆形都可以！

小贴士 可以顺便多做一点，凝固后放入保鲜盒，再放入冰箱冷藏保存，可以用于其他甜点的装饰哦！

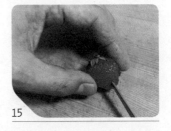

15

在草莓上划几刀（蒂的部分还连在一起）。

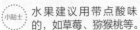

16

轻轻按压一下，像扇子一样展开，放在凝固的巧克力慕斯上面，加入打发好的鲜奶油和装饰用巧克力，还可以撒一点烤过的杏仁片，会更香哦！

小贴士 水果建议用带点酸味的，如草莓、猕猴桃等。

MASA的
松软 烤 奶酪蛋糕

MASA'S CHEESE SOUFFLÉ

- 分量 **3** 或 **4** 个
- 烹调时间 **45** 分钟
- 难易度 ★★★☆
- 便当入菜 **Yes**

很多甜点店都出售奶酪蛋糕，有的地方要排很久的队才买得到，每家都有自己的味道，也都很好吃，那么，可以在家里做自己味道的奶酪蛋糕吗？当然可以！这种奶酪蛋糕的材料很容易买到，只要将打发好的蛋白熟练地放入面糊里混合，就可以完成。还有一点比较重要的是烤箱的温度和时间，这种蛋糕的特色是口感，汤匙插入时，要听到气泡消失的声音！不要怕失败，多做几次就可以掌握技巧！加油！

材料 Ingredients

奶油奶酪 CREAM CHEESE ——200g
砂糖 SUGAR ——30g
蛋黄 YOLK ——3个
牛奶 MILK ——30mL
玉米粉 CORN STARCH ——20g
蛋白 EGG WHITE ——3个

1

奶油奶酪放入碗里，如果还有点硬，隔保鲜膜压扁。

小贴士 压扁后面积比较大，可以很快变软！

2

隔温水加热。

3

在耐热杯子内侧均匀涂抹奶油。

4

杯子里放入砂糖，转一转，让砂糖均匀蘸到侧面，倒入另一个杯子里，进行同样的步骤。

小贴士 这样才可以均匀膨胀起来。

5

蛋黄、蛋白分开后，将蛋白放入冰箱冷藏。

小贴士 冰蛋白比较容易打发。

6

将变软的奶油奶酪用搅拌器搅拌均匀。

7

放入砂糖搅拌均匀。

小贴士 先加入最容易混合的材料。

8

放入蛋黄搅拌均匀。

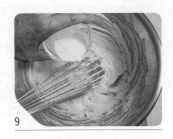

9

倒入牛奶搅拌均匀。

10

放入玉米粉搅拌均匀。

11

确认材料混合均匀。

12

打发蛋白。

 小贴士 蛋白的打发方式参考 P.276步骤10～13。

13

将打发好的蛋白少量放入步骤 11里，混合均匀。

 小贴士 奶油奶酪很黏，不容易 拌匀，先加入少量比较 容易混合。

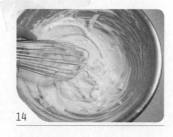

14

加入剩余的蛋白，让蛋白和奶油 奶酪混合均匀。

 小贴士 这个步骤不是要打发， 只要让奶油奶酪和蛋白 混合均匀就好了，免得 消泡哦！

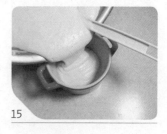

15

倒入耐热容器里。

 小贴士 容器可以用自己习惯的, 烘焙用纸杯也可以哦！

 小贴士 如果要做膨胀很高、表 面不裂开的那种，在容 器里涂抹奶油后，均匀 撒上砂糖。

16

容器放在烤盘上，放入预热好 （上下火120℃）的烤箱里。

 小贴士 温度和时间是参考的， 根据自己烤箱的状况进 行调整哦！

17

在烤盘里倒入热水，淹没至模具 中间位置，烤25～30分钟，表 面膨胀起来，表示时间差不多 了，将竹签插进去，如果竹签表 面没有粘黏，就表示已经熟了！

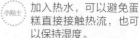 小贴士 加入热水，可以避免蛋 糕直接接触热流，也可 以保持湿度。

小贴士 放入冰箱冷藏室，可保 存2～3天，食用前，放 入微波40秒左右，也可 以用烤箱、电锅加热， 同样可以享受到刚出炉 的口感与美味！

苹果 & 猕猴桃
白酒琼脂果冻苏打

分量 **2** 人份

烹调时间 **15** 分钟

难易度 ★★☆☆

便当入菜 No

APPLE & KIWI WHITE WINE JELLY

接下来我要介绍一道比较清爽的甜点！琼脂是
从海藻类提取出来的东西，将液体凝固时会用
到，与吉利丁的效果很像，但比吉利丁健康。
琼脂含有很多纤维，有便秘困扰的朋友们可以
多吃一点哦！一般用琼脂做的和果子很甜，因
为用到很多糖分，别担心！这里介绍的甜点用
到很多水果，吃起来有很自然的甜味！直接吃
或像图片那样，加入一点苏打水都可以，气泡
与凝固的果冻一起吃非常清爽，是适合夏天的
一道甜点哦！♪

材料
Ingredients

苹果 APPLE —1个（100g）
猕猴桃 KIWI FRUIT —1个（80g）
甜橙 ORANGE —1个
水 WATER —200mL
砂糖 SUGAR —1/2大匙
琼脂粉 AGAR AGAR —1/2小匙
蜂蜜 HONEYV 1大匙
白酒 WHITE WINE —100mL
苏打水或雪碧 SODA OR SPRITE —适量
薄荷叶 MINT —少许（装饰）

1

这次用的苹果表皮颜色很深，煮完后可以看到漂亮的粉红色！所以我决定不削皮直接用！

 用哪种苹果都可以，削皮不削皮都行，根据材料的特征决定！

2

洗好的苹果切半，把中间的核挖出来。

 如果没有这种特别的工具，也可以使用量匙挖除哦！

3

将蒂切下来。

4

切成0.5cm厚的薄片。

 切的时候不要让它散开。

5

将4或5片叠起来，切丝。

6

转90°切成小丁。

7

泡水，避免变色。

8

猕猴桃也切成小丁。

9

甜橙切掉底部和顶部后，削掉侧面的皮。

10

将果肉切出来。

11

切成小丁。

12

什么水果都可以用，水蜜桃或芒果也很适合。

 水果尽量切成同样的大小，完成品比较漂亮哦！

13

锅子里装水，加入砂糖，开中火。

14

放入苹果，沸腾后转小火，煮至喜欢的熟度（口感）。

小贴士 其他水果（猕猴桃、甜橙）加热时容易散开，不用煮。

15

出现漂亮的颜色后，将琼脂粉放入。

16

继续煮1~2分钟。

小贴士 琼脂粉需要高温（100℃）煮1~2分钟才会熔化。

17

熄火，加入蜂蜜。

小贴士 蜂蜜加热太久，风味容易散掉。

18

倒入白酒。

小贴士 如果不习惯加入酒类，可以用苹果汁代替哦！

19

倒入容器里。

小贴士 选择自己喜欢的容器，直接倒入杯子里也很好哦！

20

放入切好的猕猴桃和甜橙混合均匀，冷却后放入冰箱，使其完成凝固（大概30分钟）。

21

凝固好的果冻直接在容器里切成容易入口小块。

22

用刮刀取出来。

23

切成喜欢的大小，因为这次我要做苏打果冻，切得稍微小块一点。

小贴士 直接吃也可以！

24

切好的果冻装在杯子里，倒入苏打水或雪碧，完成了！^^

巴黎泡芙圈
咖啡卡士达酱馅

- 分量 **2** 个（直径13cm）
- 烹调时间 **30** 分钟
- 难易度 ★★★★
- 便当入菜 Yes

CREAM PUFF WITH COFFEE CREAM SAUCE

介绍一道超级可爱又好吃的泡芙甜点！泡芙面糊里由于加入了可可粉，可以吃到可可香味的脆壳，里面的卡士达酱也特意设计成咖啡口味！卡士达酱的浓郁蛋黄味与咖啡的微苦味，是绝妙的组合！这次顺便介绍这种形状特别的泡芙，在法国有一种点心叫 "Paris brest"（可直译为"布列斯特"，是一种外型像车轮的泡芙，法式著名甜点之一），是把面糊挤成圆圈形烘烤，之后把很脆的壳从中间切开，挤上卡士达酱，再把烤好的小泡芙放进去，就变成一个形状很完美的蛋糕！

材料
Ingredients

[泡芙面糊]

低筋面粉 CAKE FLOUR —110g
可可粉 COCO POWDER —10g
鸡蛋 EGG —4个
奶油 BUTTER —80g
牛奶 MILK —100mL
水 WATER —100mL
盐 SALT —2g
砂糖 SUGAR —2g
杏仁片 SLICED ALMOND —10g
鲜奶油 WHIPPING CREAM —100mL
砂糖 SUGAR —10g
朗姆酒 DARK RUM —2小匙（不加也可以）
糖粉 ICING SUGAR —适量

[咖啡卡士达酱]

牛奶 MILK —150mL
咖啡粉 COFFEE POWDER —2小匙
蛋黄 YOLK —2个
砂糖 SUGAR —30g
玉米粉 CORN STARCH —15g

1

准备咖啡卡士达酱。牛奶里加入咖啡粉，开小火加热。

2

牛奶加热时，在另一个钢盆里放入蛋黄，加入砂糖搅拌。

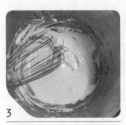

3

搅至泛白状。

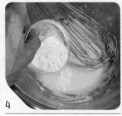

4

加入玉米粉搅拌均匀。

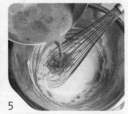

5

牛奶锅里开始冒泡时就可以熄火，倒入蛋黄里。

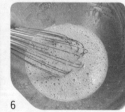

6

搅拌均匀。

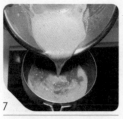

7

倒回刚刚加热的牛奶锅里，开小火使其凝固。

8

搅拌成浓稠状，熄火。

9

将咖啡卡士达酱倒出来冷却。

10

准备泡芙面糊。在烘焙纸上画两个圈（直径约13cm）。

 小贴士 它会膨胀，距离要远一点哦！

11

挤花袋上装尖口挤花嘴（1cm 圆形）。

12

为避免面糊漏出来，把袋子的前端扭转后，塞进尖口里。

13

将低筋面粉和可可粉过筛。

14

用搅拌器混合均匀。

15

鸡蛋（4个）打散。

16

锅子里放入奶油，倒入牛奶、水、盐和砂糖。

17

开中火，奶油熔化后熄火。

18

放入过筛好的可可面粉。

19
用平头汤匙搅拌均匀，开小火，继续搅拌。

20
锅底有很薄一层面糊粘住时，熄火！

21
将蛋液少量多次倒入后搅拌。

小贴士 一次倒入太多蛋液不容易混合哦！慢慢来。

22
面糊搅拌出光滑感。

23
装在挤花袋里。

 后续的动作稍微快一点，趁面糊还温热时挤出来烘烤，膨胀的效果比较好。

24
烘焙纸画线的那面朝下，放在烤盘上，沿线条先挤出一圈，再在内侧挤一圈。

25
两条线的上面再挤一圈。

26
将剩余的面糊在旁边挤出大概16个左右小圆形。

 圆形不要挤太大哦！是放在圆圈里面的。

27
表面均匀涂抹剩余的蛋白。

28
圆圈上面撒杏仁片（生）。

29
放入预热好（上下火200℃）的烤箱，烤15~18分钟，膨胀后将温度下降至150℃，继续烤10分钟左右，让泡芙壳定形。

 先用高温让面糊膨胀，然后用低温烤至定形，若定形的时间不够，拿出来后会马上缩小。

30

哇！全部烤好了！颜色很漂亮！放在铁架上冷却。

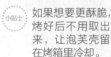
如果想要更酥脆，烤好后不用取出来，让泡芙壳留在烤箱里冷却。

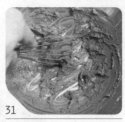

31

冷却的卡士达酱变硬之后，放入碗里搅拌，确认没有结块。

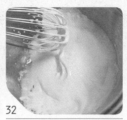

32

另一个碗里放入鲜奶油和砂糖，打发至与番茄酱一样的稠度。

33

放入步骤32里混合均匀。

小贴士 只有卡士达酱口感会发黏，加入打发的鲜奶油，不仅多一种香味和口感，质地也变得很轻盈！

34

加入一点朗姆酒。

35

将冷却好的圆圈泡芙壳从中间切开。

小贴士 如果泡芙还温热，卡士达酱填入后会溶化哦！

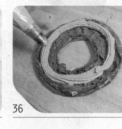

36

沿圆圈挤一圈咖啡卡士达酱。

37

将小圆泡芙从侧面切开，将咖啡卡士达酱装进去。

38

将小泡芙摆在圆圈泡芙上面。

39

间隙处挤上剩余的咖啡卡士达酱。

40

将另一半圆圈泡芙盖上去，上面撒一点糖粉就完成了！

小贴士 这种装饰比较像法国的传统甜点，如果觉得有一点复杂，没关系！可以改成自己喜欢的样子，开心享受装饰的时间就好了！♪

特浓 & 绵密
烤 田园风地瓜布丁

SWEET POTATO PUDDING

- 分量　　　**8**寸**1**个
- 烹调时间　**45**分钟
- 难易度　★★☆☆☆
- 便当入菜　No

我个人很喜欢吃地瓜类料理，这次买到了很漂亮的地瓜，马上决定做布丁！外面有卖这种地瓜布丁，但是加入的地瓜分量不多，自己做的布丁当然可以自己配料，想加多少都可以！用地瓜烤的布丁味道很浓，但是由于含有纤维，没有一般布丁滑润的口感，但也很嫩，口感很绵密，与之前在法国料理餐厅吃过的南瓜布丁很像。

材料 Ingredients

黄地瓜 SWEET POTATO —150g（去皮）
砂糖 SUGAR —50g
水 WATER —3大匙
牛奶 MILK —250mL
砂糖 SUGAR —30g
鸡蛋 EGG —2个
鲜奶油 WHIPPING CREAM —50mL

1

地瓜蒸熟。

小贴士 这次我用了日本地瓜，皮是紫色而肉是黄色的，也可以用普通的地瓜。

2

准备焦糖。锅子里加入1大匙水，放入50g砂糖，另外准备2大匙水放在旁边。

小贴士 先加水再加入砂糖，加热时不会黏在锅底。

小贴士 加热之前，水一定要准备好哦！不然开始焦糖化时，就来不及了！

3

先用中火，煮至浓稠后转小火继续煮。

4

颜色变成深褐色，气泡变大时熄火。

5

把准备好的水轻轻倒入，摇晃一下锅子，让焦糖和水混合均匀，停止焦糖化。

 它容易喷溅！要小心倒水哦！最好用有把手的容器倒入。

6

倒入模具里。

 倒出来的焦糖马上凝固，没有均匀散开也没关系，烤的时候会在蛋液下面均匀散开！

 模具可以用自己惯用的，分开装在小模具里也可以。

7

准备布丁馅。趁地瓜还热的时候，隔纸巾或纱布剥皮。

 冷掉的地瓜不容易处理，蒸好后尽量马上剥皮哦!

8

确认"去皮后"的总重量为150g。

9

往牛奶的锅子里加入30g砂糖。

10

开中火搅拌，表面开始冒泡后熄火。

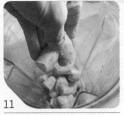

11

将地瓜切成小块，放入果汁机里。

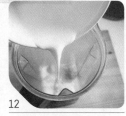

12

倒入煮好的牛奶，打成泥。

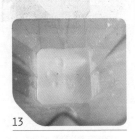

13

确认没有颗粒或地瓜的纤维。

 没有果汁机也没问题！将蒸好的地瓜放入牛奶锅子里，用木头汤匙压碎后，用网筛过滤也可以！

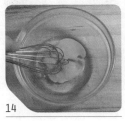

14

将鸡蛋打散。

15

倒入地瓜泥混合均匀。

16

倒入布丁模具里。

17

放在烤盘上，放入预热好（上下火160℃）的烤箱里。

18

在烤盘里倒入热水，至模具中间位置。

 小贴士 加入热水可以避免直接接触热流，也可以保持湿度。

19

上面放用锡箔纸简单折起来做的盖子（不要密封），烤45～50分钟。

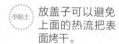 小贴士 放盖子可以避免上面的热流把表面烤干。

20

用竹签或牙签从中间插进去，若表面没有黏住蛋液，就表示已经熟了！

21

放在铁架上冷却，上面盖上纸巾或毛巾，可以保持表面的湿度。

22

冷却后，放入冰箱冷藏室，凝固后用小刀或烘焙刀从侧面划一圈。

 小贴士 要等到冷却后才可以拿出来，尤其是加入了地瓜，容易碎掉。

23

布丁要拿出来啦！在上面盖上一个盘子，翻过来。

24

布丁太害羞，还在模具里躲着不出来？把模具轻轻摇一下，布丁就出来啦！可以搭配打发的鲜奶油和喜欢的水果。

小贴士 布丁类比较容易劣化，最好1～2天内吃完哦！

蓝莓 & 覆盆子
海绵可丽饼

DOUBLE BERRY FLUFFY PANCAKE

- 分量 **1** 个（20cm平底锅）
- 烹调时间 **15** 分钟
- 难易度 ★★★☆
- 便当入菜 Yes

这次介绍一道比较特别的可丽饼，本来可丽饼扁扁的很像煎饼，只要在面糊里加入打发好的蛋白，就可以做成海绵蛋糕的样子！加入什么水果都可以，这次我选了两种莓类，还可以搭配打发过的鲜奶油或果酱 ！

材料 Ingredients

蓝莓 BLUE BERRIES —15～20粒
蛋黄 YOLK —2个
蛋白 EGG WHITE —2个
低筋面粉 CAKE FLOUR —80g
砂糖 SUGAR —20g
牛奶 MILK —100mL
奶油（溶化）
BUTTER (LIQUEFIED) —10g（不加也可以）
砂糖 SUGAR —20g
覆盆子 RASPBERRIES —10～15个
（可以用冷冻的覆盆子，也可以用草莓代替）
快速鲜草莓酱
STRAWBERRIES SAUCE —3～4大匙
（做法参考P.247）
糖粉 ICING SUGAR —少许

1

新鲜蓝莓洗好后放在纸巾上，吸收多余的水分。

小贴士 也可以用冷冻的莓类，不用解冻，煎的时候直接放入面糊里就好了。

2

蛋黄、蛋白分开后，将蛋白放入冰箱冷藏室。

小贴士 冰蛋白比较容易打发。

3

低筋面粉过筛后，放入20g砂糖。

4

牛奶里放入蛋黄。

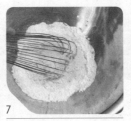
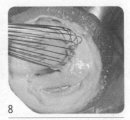

5 不用打发，混合均匀就可以了。

6 先倒入少量的步骤5。

7 搅拌均匀。

8 慢慢加入剩余的步骤5，混合均匀。

 一次倒入大量液体，低筋面粉容易产生结块。

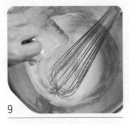

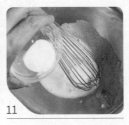

9 把加热成液态的奶油倒入面糊里，混合均匀。

 加入奶油味道更香，口感也比较湿润！

10 打发蛋白。将蛋白放入碗里，先不加糖，将蛋白搅散。

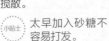 太早加入砂糖不容易打发。

11 倒入大概1/3分量的砂糖继续打发。

12 看不到砂糖的颗粒时，再倒入1/3分量的砂糖，重复同样的步骤，将砂糖全部混合。

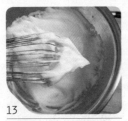

13 快速搅拌，打发出硬度。

 要打到把搅拌器拿起来时，蛋白可以立起来的程度哦！加油！

14 打发好的蛋白先少量与面糊混合。

 面糊很黏，不容易混合。

15 放入剩余的蛋白，搅拌均匀。

16 平底锅开小火，滴入一点油。

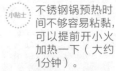

 不锈钢锅预热时间不够容易粘黏，可以提前开小火加热一下（大约1分钟）。

 锅子不一定要用20cm的，也可以用大一点的。

17 用刷子将油涂抹均匀。

18 倒入面糊。

19 盖起来继续加热。

 小贴士 用最小火。

20 表面开始冒泡时放入水果。这次用的是新鲜蓝莓和冷冻覆盆子。

 小贴士 水果太早放入，容易沉到锅底，很难翻面，放入前先确认面糊已经凝固。

21 用手轻轻压至面糊里面。

22 盖盖，继续焖5分钟左右。

 小贴士 时间要自行调整，加热3分钟左右时，可以看下底面的颜色哦。

23 下面的部分已经熟了（深一点的金黄色），翻面。介绍一种最简单的翻面方式！将半熟的蛋糕滑在锅盖上。

24 右手拿锅盖，左手拿锅子，把蛋糕盖起来。

25 将锅子和盖子一起翻转过来，让蛋糕进入锅子里。

26 哇！很容易就翻过来了！盖盖，用小火继续加热3~4分钟，倒出来，上面撒糖粉，配上鲜果酱更好吃哦！

 小贴士 时间是参考的，表面摸起来有弹性，或将竹签插进去，表面没有面糊粘黏，就表示已经熟了！

Pizza, Hot Dog, Sandwich, Burger, Croissant

PART **6**

方 便 又 好 吃
的 轻 食 料 理

不想吃面饭，也不想做一大堆料理吗？没关系！这里提供另一种选择！可以让你吃得开心又健康，不会让肠胃有太多负担。披萨、热狗、三明治、面包、汉堡，这里应有尽有，简单方便又容易做！还有许多让人意想不到的MASA独特配方哦！

★★★★

大阪风
咖喱圆白菜热狗

OSAKA STYLE CURRY CABBAGE HOT DOG

- 分量　　　**1** 人份
- 烹调时间　**10** 分钟
- 难易度　　★★ ☆ ☆
- 便当入菜　 Yes

爱吃热狗的朋友们，想不想试试看热狗的变化版！有一项很有趣的事是，日本大阪的人习惯吃的热狗和我们（关东人）吃的不一样！他们常会加入炒过的咖喱口味的圆白菜，再把热狗夹在面包中间一起吃。第一次看到时觉得很特别，但回想一下，其实不仅在大阪，我在加拿大还曾吃过夹馅更丰富的种类，有些卖热狗的摊贩，还可以让顾客选择加入自己喜欢的蔬菜，炒过后夹在热狗里！所以下次在便利店买热狗时，何不也加入其他食材？应该更有营养吧！

材料 Ingredients

圆白菜 CABBAGE —1片
蘑菇 MUSHROOMS —4或5个
热狗面包 HOT DOG BUN —1条
热狗 HOT DOG —1条
色拉油 VEGETABLE OIL —少许
盐、黑胡椒 SALT & BLACK PEPPER —各适量
咖喱粉 CURRY POWDER —1/2小匙
酱油 SOY SAUCE —1小匙
番茄酱 KETCHUP —适量

1

圆白菜切成小块。

2

蘑菇切片。

 小贴士 可以用自己喜欢的其他蔬菜哦！

3

这是便利商店买来的热狗面包，中间已经切开，但是空间不够大，再用刀子在中间切出V形。

4

大概像图片这么宽就好了。

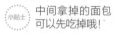 小贴士 中间拿掉的面包可以先吃掉哦！

5

热狗表面斜切。

 小贴士 切后比较容易加热，而且避免破裂。

6

平底锅开中火，放入热狗煎一下。

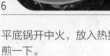 小贴士 它是熟的，煎出有一点焦焦的香味就好了。

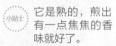

7

将热狗放在旁边保温。

8

开中火，加入一点油，将蘑菇炒出香味。

9

放入圆白菜，炒软。

10

加入盐和黑胡椒调整味道。

11

放入咖喱粉，炒出香味后熄火。

 小贴士 加入一点酱油，味道更丰富！

12

如果热狗冷掉了，放回锅子里，和蔬菜一起稍微加热一下后，夹在面包中间，上面挤番茄酱，就完成"大阪版"的热狗了！

平底锅嫩鸡肉
泡菜奶酱披萨

PAN FRIED PIZZA WITH KIMCHI TOPPIN

- 分量 **2** 个（直径18cm）
- 烹调时间 **20** 分钟
- 难易度 ★★★☆☆
- 便当入菜 [Yes]

这次要用韩式泡菜做出好吃的披萨！本来泡菜的味道很重，但是加入味道比较淡的鸡胸肉和鲜奶油一起煮，味道就会变得很温和，而且仍保留泡菜特别的发酵香味，加上披萨煎得薄薄脆脆的底面，很可口！如果没有时间准备披萨面团，没关系！直接放在吐司面包上烤一下，也是很好吃的！

材料 Ingredients

鸡里脊肉 CHICKEN FILET —12片
韩式泡菜 KIMCHI —240g
鲜奶油 WHIPPING CREAM —4大匙
毛豆（烫过）EDAMAME —50g
披萨奶酪 PIZZA CHEESE —60g

[披萨面饼]

高筋面粉 BREAD FLOUR —100g
盐 SALT —2g
砂糖 SUGAR —2g
橄榄油 OLIVE OIL —1.5大匙
温水 WARM WATER —50~55mL

1

准备披萨面饼。详细做法参考P.305。

282

2 将鸡里脊肉的筋切下来。

3 鸡肉切小块。

小贴士 韩式泡菜的味道已经很重，肉类可以选择味道淡一点的，如果不用肉类，用老豆腐也不错！用手撕成小块，直接与泡菜一起煮就好了！

4 将韩式泡菜放入锅子里，开中火翻炒。

小贴士 炒过后，可以降低酸味！

5 把切好的鸡肉放进去，炒至泛白。

6 加入鲜奶油，转小火，煮至浓缩。

小贴士 如果不习惯用鲜奶油，可以用牛奶代替。

7 水分变少后，放入烫过的毛豆，搅拌后熄火。

8 将面团分成2份，擀成与平底锅一样大小的圆饼。

小贴士 详细的方法参考P.305。

9 煎至两面金黄色。

10 将泡菜和鸡肉奶酱均匀铺上去。

11 上面撒披萨奶酪。

12 开小火，盖起盖子，奶酪熔化后，取出来切成4或6片！

MASA的料理手帖
Tips

披萨面饼不仅可以做成咸的，也可以做成甜的。将面皮煎好后，用刷子把软化的奶油涂上去，撒一点砂糖和肉桂粉，上面放上冰激凌，也可以当做好吃的甜点哦！

283

寿喜烧
佛卡夏三明治

SUKIYAKI FOCAMLIA SANDWICH

- 分量 **2** 人份
- 烹调时间 **10** 分钟
- 难易度 ★★★☆
- 便当入菜 | Yes |

大家都知道"寿喜烧"（**すき烧き**，Sukiyaki）吧！它属于比较重口味的食物，可以配饭，也可以与其他淀粉类一起吃。所以寿喜烧的材料快吃完时，还可以加入乌龙面煮一煮一起吃。当然和面包一起搭配也不会奇怪！把寿喜烧和新鲜的生菜放在非常松软的佛卡夏面包里，没想到吧！传统的日本料理还可以这样子吃！如果做好的寿喜烧有剩余，可以冷藏保存哦！而且这种料理隔天吃更好吃，因此装在便当盒里也很可口！

材料
Ingredients

牛肉片 SLICED BEEF —150g
（用猪肉片代替也可以）
洋葱 ONION —1/4个
葱 SCALLIONS —2根
金针菇 ENOKI MUSHROOMS —1/2包
清酒 SAKE —3大匙
酱油 SOY SAUCE —1.5大匙
砂糖 SUGAR —1.5小匙
味醂 MIRIN —1大匙
佛卡夏 FOCAMLIA —2片
（可以用喜欢的面包代替）
水菜 MIZUNA —1把
（可以用切丝的莴苣代替）

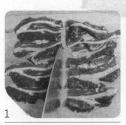

1 牛肉片切半。

小贴士 用猪肉片代替也可以哦！

2 洋葱切片。

3 大葱斜切。

4 将金针菇根部切下来后，再切半。

5

炒锅开中火,先将脂肪比较多的牛肉片放入锅子里。

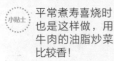小贴士 平常煮寿喜烧时也是这样做,用牛肉的油脂炒菜比较香!

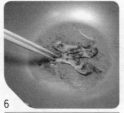

6

脂肪熔化出来。

小贴士 如果油分还不够,可以补一点色拉油。

7

放入两种葱,炒至透明。

8

把菜移到旁边,放入切好的牛肉片。

9

肉片均匀散开后,不要再搅拌,煎至金黄色。

小贴士 寿喜烧,就是要用"烧"的方式加热。

10

牛肉已经煎至金黄色,立即放入金针菇,拌炒。

11

加入清酒、酱油、砂糖与味醂调整味道。

小贴士 调味料的分量是参考的。

12

这次我选了佛卡夏,虽然它看起来很厚,里面有很多空洞,口感非常轻绵!与肉搭配一起食用非常适合!

小贴士 如果没有,可以用同样软度的面包代替哦!

13

将洗净的水菜切成适合的大小。

14

将水菜铺在佛卡夏上,再放上寿喜烧。

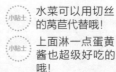小贴士 水菜可以用切丝的莴苣代替哦!

小贴士 上面淋一点蛋黄酱也超级好吃的哦!

15

如果煮好的寿喜烧还很多,冷却后放入保鲜盒里冷藏保存,可以放2~3天,隔天加热做成丼饭也很好吃!

香煎鸡腿排
& 奶酪热三明治

GRILLED CHICKEN & CHEESE SANDWICH

▪ 分量	**1**	人份
▪ 烹调时间	**15**	分钟
▪ 难易度	★★☆☆	
▪ 便当入菜	Yes	

热三明治怎么做都可以，夹在中间的材料选择上也很自由，重点是三明治要热呼呼的时候吃。这次介绍的也是用平底锅制作的，用锅子做这种料理的好处是，加热速度比较快，让食材直接接触热源，看到熟化的效果，所有的材料都先烹调好后，在平底锅里组合起来再加热，如果每种材料都进行过调味，不需要再淋酱汁哦！可以享受每种食材原始的味道！

材料 Ingredients

鸡腿肉 Chicken thigh —1支
盐、黑胡椒
Salt & Black pepper —各适量
迷迭香 Rosemary —1支
（用干燥的也可以）
菠菜 Spinach —1把
搔耳朵面包 Sour bread —2片
奶油 Butter —1/2小匙
奶酪片 Sliced cheese —2片
黄芥末籽酱 Dijon mustard —少许

1 将鸡腿肉厚的部位切开，调整成一整片的厚度。

2 表面撒上盐和黑胡椒。

 小贴士 这次我要享受鸡肉本身的香味，所以不会另外调制酱汁，盐可以稍微多一点哦！

3 将迷迭香撕下来，抹在肉的两面。

 小贴士 可以用自己喜欢的香草代替哦！用干燥的也可以。

4 平底锅开中火，将鸡腿肉的皮朝下放入。

5 煎至金黄色时翻面，转小火，煎熟。

 小贴士 如果表面看到透明的肉汁，表示已经熟了，可以熄火。

6 将鸡腿肉拿出来，接下来有两个选择：1.鸡油留下继续炒菠菜；2.鸡油倒掉，再倒入一点橄榄油。

 小贴士 根据个人习惯的口味，我当然选择1了，用鸡油炒菜！ ^^v 赞！

7 将洗好的菠菜切成段。

 小贴士 当然可以用冷冻保存的青菜。

8

平底锅开中火，把菠菜放进去。

 如果用冷冻的青菜，先挤出来多余的水分哦！

9

加入盐和黑胡椒拌匀就好了，不要炒太久哦！

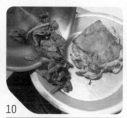

10

与煎好的鸡腿肉放在一起，锅子稍微擦一下。

11

这道我用了搔耳朵面包（Sour bread），它有微酸味，直接吃也很好吃！把它切成薄片（厚度1cm左右）。

 可以用吐司面包代替哦！

12

面包两面都均匀涂抹上薄薄一层奶油。

 涂抹奶油后再煎很香又很脆！

13

放入面包，开中火，煎至金黄色。

 用锅铲轻轻压一下表面，使其均匀上色。

14

另外一面也同样煎至金黄色后熄火。

15

将炒好的菠菜放在一片面包上，然后放奶酪片。

16

将煎好的鸡腿肉切片。

17

放仕奶酪片上面，盖起来开小火，奶酪片熔化后就可以装盘了。

 旁边也可以配黄芥末籽酱！

培根奶酱法式面包

CREAMED BACON BRUSCHETTA

▪ 分量	**2** 人份
▪ 烹调时间	**10** 分钟
▪ 难易度	★★☆☆
▪ 便当入菜	Yes

介绍一道当做早餐或下酒菜都很适合的面包料理！平常我们早餐吃的培根都是煎好直接吃，这次我要多加几个步骤做成味道更丰富的蘸酱，煎至香香脆脆的培根做的奶酱味道非常特别！我没有使用很特别的材料哦！只要和半熟的鸡蛋一起放在面包上，咬一口，就可以体验到与平常吃的味道完全不一样的面包！而且这种培根奶酱很好用，与意大利面拌匀一起吃也很不错哦！

材料 Ingredients	
法国面包 FRENCH BREAD	4片
鸡蛋 EGG	2个
盐 SALT	适量
奶油 BUTTER	1小匙
奶酪片 SLICED CHEESE	4片
[培根奶酱]	
培根 BACON	3片
白酒 WHITE WINE	3大匙
牛奶 MILK	50mL
鲜奶油 WHIPPING CREAM	2大匙
黑胡椒 BLACK PEPPER	适量
欧芹（切末）PARSLEY	少许

1 制作培根奶酱。将培根切成片。

2 放入平底锅里，用中火炒一下。

3 加热到脆脆的样子，将油分倒出来，或用纸巾吸掉多余的油分。

4 加入白酒。

5 加入牛奶和鲜奶油。

6 用小火继续煮，将培根的风味融入到牛奶里。

7 倒入果汁机里打成泥。

 小贴士 用调理机也可以！

8 倒入平底锅里。

9

撒上黑胡椒后，品尝味道，决定需不需要加盐。

小贴士 由于培根有咸味，盐的分量要小心！

10

加入自己喜欢的香草，这次我加入了欧芹。

11

将法国面包切成薄片（2cm左右）。

小贴士 吐司面包也很适合！

12

放入烤箱，用200℃左右烤2~3钟至金黄色。

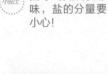

13

鸡蛋加入盐拌匀。

14

平底锅加入奶油，开中火，熔化后倒入蛋液。

15

用木头汤匙搅拌，加热至自己喜欢的熟度。

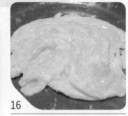

16

我个人喜欢这种半熟的样子，熄火。

17

烤好的面包上面放上奶酪片。

18

放上鸡蛋，并淋上培根奶酱，就可以大快朵颐了！

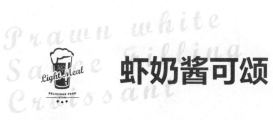

虾奶酱可颂

PRAWN WHITE SAUCE FILLING CROISSANT

- 分量　　**2** 人份
- 烹调时间 **15** 分钟
- 难易度 ★★★☆
- 便当入菜 Yes

将虾用白酒焖熟，连同海鲜汁一直放入白酱里，就可以做出超级好吃的可乐饼！直接放入酥脆的可颂面包中间，就可以享受味道丰富的虾奶酱三明治！虾可以换成自己喜欢的材料，用干贝、鸡肉或西兰花等都很适合！

材料
Ingredients

可颂 CROISSANT —2个
（可以用喜欢的面包代替）
生菜 RED LEAF LETTUCE —2片
（或用莴苣代替）
巧达奶酪片 CHEDDAR CHEESE —2片

[虾白酱]

虾 PRAWNS —80g
奶油 BUTTER —1/2小匙
白酒 WHITE WINE —1～2大匙
奶油 BUTTER —15g
低筋面粉 CAKE FLOUR —20g
牛奶 MILK —150mL
毛豆（烫过）EDAMAME —15g
玉米粒（罐头）CANNED CORN —2大匙
盐、黑胡椒 SALT & BLACK PEPPER —各适量

1

制作虾白酱。将虾切成小块。

小贴士 加入干贝一起享用更豪华！

2

平底锅放入奶油（1/2小匙），开中火，奶油熔化后，放入虾，炒至红色。

3

倒入白酒，焖30秒。

4

熄火，用木头汤匙将锅底粘住的虾精华刮下来。

5

另外准备一个锅子，放入奶油（15g），开中火，让它熔化。

6

放入低筋面粉。

7

炒至面糊表面出现很细的气泡后熄火。

8

倒入牛奶。

9

用搅拌器搅拌均匀。

 温度太高，面糊容易结块，因此要关火后再倒入牛奶。

10

将锅子斜放，看下锅底有没有还没熔化的面糊，确认没有后，开中小火加热至浓稠。

11

搅拌至完成凝固。

 搅拌至在白酱上能看到痕迹，表示已经完成了。

12

把虾连同汁一起倒入白酱里。

13

放入烫熟的毛豆和玉米粒，搅拌均匀。

 放入四季豆、芦笋或青豆都可以哦！

14

加入盐和黑胡椒，调整味道。

15

面包这次我用了可颂，从中间切进去。

 可以用其他面包哦！

16

下面铺生菜，再放上巧达奶酪片。

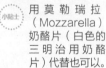 用莫勒瑞拉（Mozzarella）奶酪片（白色的三明治用奶酪片）代替也可以。

17

用汤匙挖适量虾白酱，放在可颂中间。

MASA的料理手帖
Tips

这种虾白酱用途广泛，可以做成意大利面，也可以淋在米饭上面，再撒上奶酪条放入烤箱，就可以做成很好吃的焗烤饭！如果还用不完，装入密封袋，再放进冰箱冷冻室保存，可以放1～2星期，使用前，连同袋子泡在水里解冻后，倒入锅子里加热就好了！

微辣
酥烤鱼排迷你堡

BAKED FISH FILET BURGER

- 分量　鱼排 **5** 个
- 烹调时间 **15** 分钟
- 难易度 ★★★☆
- 便当入菜 [Yes]

在速食店我常会点炸鱼排汉堡，我很爱吃炸酥的皮中间很多汁的鱼排和汉堡里的蛋黄酱。其实在家里也可以自己做，而且不用炸！接着我来介绍大家喜欢的"かつ"（Katsu，指蘸裹面包粉之后再用炸的方式加热），如何不用炸却可以做得很酥脆？而且由于加入了一点辣椒粉，也很可口！另外搭配塔塔酱的微酸味，让整个三明治完全不会

材料 Ingredients

鲷鱼 SNAPPER ——1片
（也可以用自己喜欢的鱼）
盐、黑胡椒 SALT & BLACK PEPPER ——各适量
奶油面包 BUTTER ROLL ——2个
罗曼生菜 ROMAN LETTUCE ——2片
（用莴苣代替也可以）

[面衣]

欧芹 PARSLEY ——1或2支
面包粉 BREAD CRUMBS ——40g
辣椒粉 CHILI POWDER ——少许
橄榄油 OLIVE OIL ——2小匙
高筋面粉 BREAD FLOUR ——1/2碗
鸡蛋 EGG ——1个

[即席塔塔酱]（2份）

紫洋葱 RED ONION ——10g
奶油 BUTTER ——1/2小匙
鸡蛋 EGG ——1个
蛋黄酱 MAYONNAISE ——1.5大匙
黑胡椒 BLACK PEPPER ——少许

油腻！利用这种方式不仅可以做鱼排，还可以做很多种的Katsu，猪排、鸡排或肉泥都很好哦！

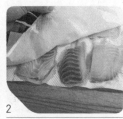

1 鲷鱼解冻后去掉包装，切成容易入口的大小。

2 放在纸巾上吸收多余的水分。

3 撒上盐和黑胡椒。

4 紫洋葱切丁。

小贴士 这次我用的是真空包装的鲷鱼，它可以冷冻保存，使用很方便！

5 泡水10分钟左右，去掉刺激味。

6 欧芹切末。

小贴士 用冷冻起来或干燥的也可以。

7 平底锅放入面包粉、辣椒粉和欧芹末。

小贴士 如果要做不同的口味，或给小朋友吃，用咖喱粉代替辣椒粉也很不错！

8 淋上橄榄油后搅拌均匀，开中火翻炒。

小贴士 加入橄榄油炒的面包粉更酥、更香！

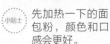

9 炒至金黄色后熄火，倒出来冷却。

小贴士 先加热一下的面包粉，颜色和口感会更好。

10 准备面衣的材料（高筋面粉、蛋液、冷却好的面包粉）。

11 撒过盐的鱼片如果表面出水，先用纸巾擦掉，再放入高筋面粉里蘸粉。

小贴士 表面要去掉多余的粉哦！

12 蘸裹蛋液时可以用叉子，这样子手不会弄脏，让鱼肉均匀蘸裹。

小贴士 蛋液不要蘸裹太多，同样让多余的蛋液滴下来。

13

放到面包粉里面，用手把面包粉撒在鱼肉上面。

14

上面撒好后，把叉子拿掉，让鱼肉在面包粉里滚一下。

15

将鱼肉放入预热好（上下火200℃）的烤箱里，烤8~10分钟。

小贴士 如何知道鱼熟了？压一下表面，如果有弹性就可以拿出来。

16

剩余的蛋液可以做即席塔塔酱！平底锅加入一点奶油，开中火，奶油熔化后倒入蛋液。

17

炒熟但是不要让它上色，凝固后就可以熄火。

18

倒入碗里，用刮刀切碎。

19

将泡过水的紫洋葱用纸巾或纱布挤出多余的水分。

20

放入炒蛋里。

21

加入蛋黄酱和黑胡椒，如果不够咸，再加入一些蛋黄酱或盐。

22

这次我用了小小的面包，从中间切进去。

23

先放上罗曼生菜，再放鱼排，上面抹塔塔酱。

MASA的料理手帖 Tips

这次只做了两个三明治，烤好的鱼排若有剩余，冷却后，装入密封袋，放进冰箱冷冻室保存，可存放1星期左右。下次使用时，将冷冻的鱼排直接放入预热好（低温150℃左右）的烤箱里加热就可以！做三明治或直接淋上猪排酱都很好吃！

免烤箱
平底锅焗烤土豆

CREAMED POTATO WITH BREAD

▪ 分量	**2**	人份
▪ 烹调时间	**15**	分钟
▪ 难易度	★★☆☆	
▪ 便当入菜	**No**	

面包不仅可以烤，用煎的方式也可以享受香喷喷的面包！这次我设计了不使用烤箱做的焗烤料理。不用花费很多时间，就可以做出好吃的平底锅料理！如果你想吃焗烤类食物，但不想洗很多烹饪器具，那这道料理就可以实现你的需求！如果节假日有朋友来家里吃饭，材料多准备2～3倍，再用大一点的平底锅来做就可以！放入什么食材可以自己调整，加入鸡肉也不错，这样一个锅子里肉、蔬菜、面包都有，真是超级方便又美味的一餐！

材料
Ingredients

法国面包 FRENCH BREAD ——1/2条
土豆 POTATO ——1个
鸿禧菇 SHIMEJI MUSHROOMS ——100g
培根 BACON ——80g
蒜头 GARLIC ——1或2瓣
橄榄油 OLIVE OIL ——少许
盐、黑胡椒 SALT & BLACK PEPPER ——各适量
牛奶 MILK ——100mL
鲜奶油 WHIPPING CREAM ——100mL
迷迭香 ROSEMARY ——适量
菠菜 SPINACH ——1把
披萨奶酪 PIZZA CHEESE ——50g

1

法国面包切成薄片。

🔵小贴士 用一般的吐司面包也可以哦！

2

土豆切薄片。

3

将鸿禧菇的根切掉。

4

用手撕散。

5

培根切成小片。

6

蒜头切末。

7

平底锅开中火，加入一点橄榄油，放入切好的法国面包。

8

两面煎至金黄色。

9

倒出来。

10

锅里放入切好的培根，用中火炒出油分。

11

放入切末的蒜头，炒出香味。

12

放入鸿禧菇，炒至金黄色。

13 放入土豆，炒至土豆表面变色。

14 撒上盐和黑胡椒调味。

小贴士 土豆会吸收咸味，后面还要加入牛奶和面包，因此这个步骤的调味可以重一点。

15 倒入牛奶和鲜奶油。

16 加入迷迭香。

17 转小火，将土豆煮软。

18 土豆变软后，加入烫过的青菜，这次我用的是菠菜。

小贴士 毛豆、四季豆、蚕豆、豌豆或芦笋都可以用，看冰箱有什么冷冻保存的青菜，解冻后可以直接放进去!

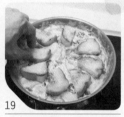

19 放入煎好的面包。

20 上面撒披萨奶酪。

21 盖上盖子，焖1~2分钟就完成了。

方形汉堡排
和风洋葱酱三明治

- 分量　**1** 人份
- 烹调时间 **15** 分钟
- 难易度 ★★★☆
- 便当入菜 Yes

做三明治和汉堡时，最需要注意的部分是如何放材料？只有分散开放，才能每一口都吃到好吃的馅料。其实汉堡排与三明治都可以做很多变化，不是仅仅夹在三明治中间而已。所以这次做的吐司面包三明治，我特别设计了方形汉堡排，每一口都会吃到非常多汁的馅料！汉堡煎好后，也可以把本书介绍的"洋葱和风红酒酱"（P.24）涂抹上去，与其他蔬菜一起夹在中间，味道刚刚好！

材料 Ingredients

吐司面包 Toast —2片

奶酪片 Sliced cheese —1片

生菜 Red leaf lettuce —1或2片

牛番茄 Tomato —2个

洋葱和风红酒酱 Onion red wine Sauce—适量
（参考P.24或用猪排酱代替）

[汉堡肉馅]（4个份）

洋葱 Onion —1/2个

色拉油 Vegetable oil —少许

牛肉泥 Ground beef —300g

猪肉泥 Ground pork —100g

盐 Salt —1/4小匙

鸡蛋 Egg —1个

洋葱和风红酒酱 Onion red wine Sauce—1大匙
（请参考P.24或用酱油1/2大匙代替）

1

准备汉堡肉馅。第一个要处理的就是洋葱。切丁后，放入平底锅，倒入一点油，用中火炒至透明。

2

倒在盘子上，冷却。

小贴士 如果将热的洋葱直接放入肉泥里，肉的脂肪会熔化，变得油油的。

3

冷却洋葱时处理肉泥，将盐（大约1/4小匙）放入。

4

搅拌出黏度。

小贴士 搅拌出黏度，才可以享受松软的汉堡排！

5

放入其他材料，并将冷却的洋葱和鸡蛋放进去。

6

调味的部分，我用了"洋葱和风红酒酱"。

小贴士 如果没有，也可以用酱油代替！

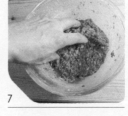

7

搅拌均匀。

8

用刮刀分成4份。

9

可以用于捏成方形，也可以装入袋子里。

10

集中住袋子的角洛，利用袋角的形状捏平。

11

用半头的木头汤匙调整形状。

12

用吐司面包测一下大小。

小贴士 汉堡排煎好后会缩小，现在大一点刚刚好。

13 把袋子切开。

14 锅子开中火，加入一点油，放入汉堡排。

15 煎至金黄色时后翻面。

16 翻面后转小火，煎至表面有透明的肉汁出来。

17 表面均匀涂抹"洋葱和风红酒酱"。

小贴士 也可以用猪排酱或番茄酱代替（两个混合用也很好吃）。

18 在吐司面包上涂抹奶油或蛋黄酱。

小贴士 面包上涂抹奶油不仅为了香味，还可以避免吸收生菜和汉堡里的水分。

小贴士 面包烤不烤都可以的，看个人的习惯和面包的状态。

19 洗好的生菜表面擦干。

20 铺上生菜和切成薄片的番茄，再将煎好的汉堡排放在上面。

21 上面放奶酪片，让味道更丰富！

小贴士 如果想吃重一点的口味，上面可以挤上一点番茄酱或黄芥末籽酱！

22 将另外一片面包放在上面，轻轻按压，让材料贴合在一起。

23 怎么切可以自己决定！这次我切成了3片。

小贴士 反手压住面包切，不会在面包表面留下指印。

MASA的料理手帖
—— Tips ——

材料表中的汉堡肉馅可以制作4份，因为只用掉一份，剩余的可以捏好后放入冰箱冷冻室保存，可保存3~4星期。

平底锅
简单海鲜披萨

PAN FRIED PIZZA WITH SEAFOOD TOPPING

- ■ 分量 **2**个（直径18cm）
- ■ 烹调时间 **15** 分钟
- ■ 难易度 ★★☆☆☆
- ■ 便当入菜 Yes

做披萨时通常要花不少时间，揉面、发酵、预热烤箱等，加上天气这么热，完全不想做。但是MASA告诉你，做披萨不一定要用发酵过的面饼，也不一定要用到烤箱！这次我来介绍一种很简单就可以制作披萨的方法。只要准备好丰富的海鲜和蔬菜，就可以做出不同口味的披萨！ヽ（'▽'）/~♪

材料 Ingredients

奶油 BUTTER ——2小匙
鸿禧菇 SHIMEJI MUSHROOMS ——100g
虾 PRAWNS ——12只
芦笋 ASPARAGUS ——8～12根
盐、黑胡椒 SALT & BLACK PEPPER ——各适量
番茄酱 KETCHUP ——4大匙
（也可以用6大匙的"烤番茄酱汁"代替，参考P.37）
猪排酱 TONKATSU SAUCE ——1～2大匙
Tabasco（塔巴斯哥）酱 TABASCO ——少许
番茄糊 TOMATO PASTE ——1.5大匙
玉米粒（罐头）CANNED CORN ——2大匙
披萨奶酪 PIZZA CHEESE ——100g

[披萨面饼]

高筋面粉 BREAD FLOUR ——100g
盐 SALT ——2g
砂糖 SUGAR ——2g
橄榄油 OLIVE OIL ——1.5大匙
温水 WARM WATER ——50～55mL

1

准备披萨面饼。面粉过筛后，加入盐和砂糖。

 披萨面饼稍微有一点甜味比较好吃。

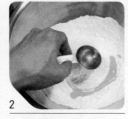

2

加入橄榄油或色拉油。

小贴士 加入油，煎完后比较酥脆。油加得越多越酥脆哦！（*￣▽￣*）

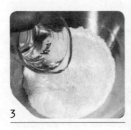

3

先加入50mL左右的温水，留下一点水。

4

用刮刀搅拌，如果太干，可以加入剩余的水。

5

用手揉成团。

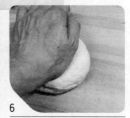

6

已经不黏手了，放在工作台上揉光滑。

 不用全部加入，根据面团的湿度状况再决定。

7

用保鲜膜包起来，放入冰箱，让面团休息15分钟左右。同时准备其他材料！

 不要马上煎，由于面筋的关系会缩小！可以一次多准备一点，冷冻保存哦！

8

准备馅料。在平底锅里加入奶油，开中火，熔化后放入鸿禧菇等菇类，炒出香味。

9

放入切成小块的虾。

小贴士 干贝、墨鱼都很好！

10

加入青菜，这次我用了芦笋。

小贴士 这次用的芦笋比较细，没有特意烫，直接放入炒一下就好了！

11

加入盐和黑胡椒，调整味道。

12

将炒好的材料倒出来，把锅子擦干净。

13

碗里加入番茄酱、猪排酱与Tabasco（塔巴斯哥）酱。

小贴士 加入一点蚝油也不错！

14

刚好冷冻室有上次剩余的番茄糊，拿出来加进去！

小贴士 如果没有番茄糊，可以增加番茄酱的量。

小贴士 如果只做一个披萨，另一块面团可以包起来冷冻保存3~4星期，下次可以做别的口味。

15

将休息好的面团拿至工作台上，撒一点面粉，切成2块。

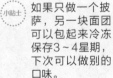 

16

切好后揉成圆形。

17

用擀面棍擀成直径约20cm的薄饼。

18

这次我要用平底锅做迷你披萨，锅子直径约20cm，确认披萨面饼也是同样大小。

小贴士 也可以用大一点的平底锅！因为要用小火慢慢煎，所以要选择锅底比较厚的哦！锅底太薄容易焦掉。

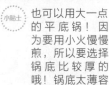

22

底面煎至金黄色时翻面，把面饼拿出来，在锅子里补一点橄榄油。

26

将玉米粒（黑橄榄也可以）撒在上面。

19

开小火，加入橄榄油，让油均匀散开。

小贴士 加入油分可以煎出口感香脆的皮！

23

翻面，另一面煎至金黄色后熄火。

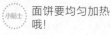

小贴士 面饼要均匀加热哦！

27

撒上披萨奶酪。

小贴士 也可以放切成薄片的莫勒瑞拉奶酪，味道更好哦！

20

将面饼放在锅子里。

24

将披萨酱（1/2份）均匀涂抹在面饼的表面。

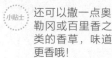

小贴士 还可以撒一点奥勒冈或百里香之类的香草，味道更香哦！

28

开小火，盖起来，煎至奶酪熔化。

小贴士 不用煎很久，奶酪熔化就好了！

21

如果面饼膨胀，可以用锅铲稍微压一下。

25

将炒好的材料（1/2份）放在上面。

MASA的料理手帖
Tips

材料表可做直径18cm的披萨两个，如果你只想做一个，把分量减半就好了！

特别收录

上班族简单烹调术 — 食物焖烧罐的应用

由于免用电、免开火，从日本流行过来的食物焖烧罐（保温杯），近年来成为上班族和忙碌妈妈们的新宠。普通的食物焖烧罐与不锈钢保温杯一样，是使用真空断热构造，但是它除了避免温度流失外，还可以运用其高保温、高保冷的功能进行烹调，几个简单的步骤就可以轻松完成许多热食与冷食，享受手做料理的幸福，还可以不破坏食材的原味，享受健康的料理，非常适合上班族使用，外出旅行时携带也非常方便。

食物焖烧罐基本功能

·焖煮（稀饭、面条）·保冰·保鲜·保冷·保温

使用规则

食物、饮品最多可盛装位置如图所示，切勿过量盛装，避免在拧紧上盖时，内容物溢出而导致烫伤。

位置A

真空保温本体外侧

约1cm

真空层

真空保温本体内侧

将内容物置于位置A下方约1cm处

食物、饮品

（截面图）

使用小秘诀 为了达到最佳保温效果，使用前先加入少量热水（冰水），预热（预冷）1分钟后倒出，再重新注入热（冰）水，即可加强保温（保冰）效果。

使用步骤

① **放料**：放入食材及沸水。
② **预热**：充分摇匀，使热气充满罐中（预热动作）。
③ **滤水**：打开上盖，将热水滤出。
④ **焖烧**：倒入约八分满沸水，旋紧上盖开始焖烧。
⑤ **静置**：静置焖烧，待烹调时间结束即完成。

焖烧小秘诀
·焖烧料理所使用的水需为100℃的沸水。
·所有食材务必解冻且最好恢复至室温（如鸡蛋），避免食材温度过低，不易焖熟。
·预热时，需将食材与沸水在罐中同时预热，热水滤出后，再重新加入沸水至八分满，然后拧紧上盖，避免后来加入的食材降低焖烧罐中的温度，使食材不易焖熟。
·请依食物焖烧罐容量，调整食物的分量及焖烧时间。

上班族
必学的 [1]
人气料理

美国西南风味**香肠炖饭**
CAJUN STYLE SAUSAGE RISOTTO

分量：**1**人份（500mL） | 烹调时间：**2**小时 | 难易度：★ | 便当入菜：Yes

非常高兴有机会向大家介绍这个很好玩的焖烧罐！通常这种保温容器是把材料装好，利用它的保温效果，把材料用焖烧的方式做成料理！算是"慢料理"，好处是可以带出去！只要早上把喜欢的材料装在里面，加入热水，中午时打开，就可以享受香喷喷的美味料理了！

米 RICE —— 3大匙
热狗香肠 SAUSAGE —— 1条
芹菜 CELERY —— 2根
圣女果 MINI TOMATOES —— 2或3个
西兰花 BROMLOLIS —— 2或3朵
热水 BOILING WATER —— 适量

材料
Ingredients

[调味料]

盐、黑胡椒 SALT & BLACK PEPPER —— 各1/4小匙左右
番茄酱 KETCHUP —— 2大匙
奶酪粉 PARMESAN —— 1～2小匙
Tabasco（塔巴斯哥）辣椒酱 TABASCO —— 少许

1

2

3

小贴士 如果早上很忙，没有时间切材料，可以在前一天晚上切好装在碗里。

小贴士 材料可以选择自己喜欢的。

米不用洗，直接放入焖烧罐里就好了，倒入水，摇一下罐子。

把水倒出来，再冲几次水，直到水变透明。

将香肠、芹菜、圣女果和西兰花切成小丁。

4

将切好的材料放入焖烧罐里。

小贴士 要利用保温的方式加热，因此材料都要用可以生吃的，并要切成小丁哦！

5

焖烧罐里倒入沸水至八分满。

小贴士 一定要确认水是100℃，再倒入焖烧罐里。

6

盖起来，静置大概2分钟。

小贴士 第一次加入的热水是为了让容器和所有的材料预热。

7

2分钟到了，把里面的水倒掉。

8

放入盐和黑胡椒。

9

倒入沸水至八分满，盖好。

10

让里面的材料混合均匀，等大概2小时。

POINT 时间可以自己调整，提前打开，可以享受与意大利炖饭类似的口感，或放久一点，做成稀饭的口感。

11

将番茄酱、奶酪粉与Tabasco（塔巴斯哥）辣椒酱混合均匀，放在小容器或小袋子里。

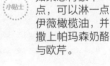
小贴士 如果想再豪华一点，可以淋一点伊薇橄榄油，并撒上帕玛森奶酪与欧芹。

12

将调味料和焖烧罐一起带走！

小贴士 因为有的调味料是从冰箱拿出来的，直接与热水一起放入焖烧罐里，会让容器里的温度下降，东西不易熟。

13

时间到了！米已经熟了！

14

加入番茄酱混合均匀，可以吃了！

311

上班族
必学的 [2] 日式酱油**五色杂炊**
人气料量 JAPANESE STYLE SOY SAUCE RISOTTO

分量: **1**人份（500mL） | 烹调时间: **1.5**小时 | 难易度: ★ | 便当入菜: Yes

杂炊通常是用砂锅做的，这是一种很传统的日本料理，当然用这种焖烧罐也可以做出超级美味的杂炊。不要小看这个罐子，早上把食材丢进去，与米一起焖，到中午就可以吃到像现煮般的杂炊。虽然容量不多，但含有很多纤维，传统日本料理竟然可以如此简单地做出来，真是太神奇了！

材料
Ingredients

米 RICE —3大匙
魔芋 KONJYAC —1/2片
胡萝卜 CARROT —10g
山药 JAPANESE YAM —10g
四季豆 GREEN BEANS —2条
干香菇
DRIED SHITAKE MUSHROOM —1朵
热水 BOILING WATER —适量
盐 SALT —1~1.5小匙
酱油 SOY SAUCE —1/2小匙

1

将米放入焖烧罐里冲洗，把水倒掉。

2

将魔芋放在工作台上，用小汤匙刮成小块。

小贴士 用这种方式可以产生凹凸不平的表面，比较容易入味。

小贴士 剩余的魔芋片包起来冷藏保存（可以放2～3天）。

3

在魔芋里加入一点盐（材料表外）。

4

搅拌一下，让魔芋出水，放置2～3分钟。

小贴士 利用盐的脱水效果，把魔芋里面的腥味去掉。

5

胡萝卜切丝。

6

山药切丝。

7

四季豆切丁。

8

干香菇撕成小块。

9

将脱过水的魔芋冲一下。

10

材料都准备好了！

小贴士 前一天准备好，可以节省时间！

11

把准备好的材料放入焖烧罐里，倒入沸水，盖起来预热2分钟左右，把水倒掉。

12

加入盐和酱油，再倒入沸水盖起来，大约1.5小时就可以了。

上 班 族
必 学 的
人 气 料 量

[3] ## 玉米&毛豆海苔酱螺旋面
FUSILLI WITH EDAMAME & PRAWNS SEAWEED SAUCE

分量：**1**人份（300mL或500mL） | 烹调时间：**15**分钟 | 难易度：★ | 便当入菜：Yes

在办公室不方便烹煮，如何做意大利面呢？让我们用焖烧罐解决吧！把喜欢的意大利短面和热水放入罐子里，几分钟后就有口感超好的意大利面出现了，感觉好像在变魔术！调味的部分，这次我用了一种很适合搭配米饭的海苔酱！它浓缩的海鲜味与意大利面很对味！以后不管去哪里，都可以随时吃到意大利料理哦！

材料
Ingredients

螺旋面 FUSILLI ——30g或50g
热水 BOILING WATER ——适量
毛豆（烫过）
EDAMAME（COOKED）——1大匙或2大匙
玉米粒（罐头）
CANNED CORN ——2大匙或3大匙
海苔酱
SEASONED SEAWEED PASTE ——1/2大匙或1大匙
奶酪粉 PARMESAN———1~2小匙

1

将螺旋面或意大利短面放入焖烧罐里。

 图片我是用300mL的罐子做的，换成500mL也可以哦！（参考材料表）。

2

倒入沸水。

3

用筷子把面搅散，盖起来，预热2分钟左右。

4

把水倒掉。

5

放入其他喜欢的蔬菜，这次我用了烫过的毛豆和玉米！

6

再次倒入沸水，盖上盖子。按照意大利面包装上的建议时间。

 每种意大利面会有不一样的加热时间，要注意看包装上的说明哦！

7

时间到了！把水倒掉。

8

将海苔酱放入罐子里。

9

搅拌均匀，上面加一点奶酪粉，味道更丰富！

上班族 必学的 人气料量 [4] 快速**肉酱**笔管面
PENNE WITH INSTANT MEAT SAUCE

分量：**1**人份（300mL或500mL） | 烹调时间：**15**分钟 | 难易度：★ | 便当入菜：Yes

意大利面食谱第2弹来了！这次我要用现成的卤肉罐头调制出有西洋感觉的肉酱！即使不开火，也可以做出餐厅级的美味意大利面。搭配的酱汁与配菜都是自由的，当然你也可以使用本书介绍的酱汁，开发出许多种口味哦！

材料 *Ingredients*

热水 Boiling water —— 适量
笔管面 Pennne —— 30g或50g
卤肉酱（罐头）
Seasoned Chinese meat sauce —— 80g或100g
番茄酱 Ketchup —— 1大匙或1.5大匙
奶酪粉 Parmesan cheese —— 适量
Tabasco（塔巴斯哥）辣椒酱
Tabasco —— 少许

1

将笔管面或喜欢的意大利短面放入焖烧罐里。

 图片我是用300mL的罐子做的，换成500mL的也可以哦！（参考材料表）。

2

煮面的方式与玉米&毛豆海苔酱螺旋面（参考P.314）一样。

3

准备快速肉酱。在现成的卤肉酱罐头里加入番茄酱。

 本来很中式的酱，加入番茄酱之后，就很神奇地变成与肉酱很像的味道！

4

搅拌均匀。

 番茄酱的分量可以自己调整哦。

5

将焖烧罐里的热水倒掉，放入调好的肉酱。

6

混合均匀，如果需要，可以加入奶酪粉与Tabasco（塔巴斯哥）辣椒酱！

上班族必学的人气料量 [5] 圆白菜&火腿**咖喱汤**
Cabbage & Ham Curry Soup

分量：**1**人份（500mL） | 烹调时间：**1**小时 | 难易度：★ | 便当入菜：Yes

想喝热呼呼的汤？没问题！用这种焖烧罐可以实现你的需求。这次我选择了非常可口的咖喱汤，咖喱不一定要配米饭，做成汤也很好喝。做法还是一样简单，只要把材料和热水放入罐子里就可以了！到中午打开盖子，就可以闻到超级香的味道，你的同事或同学一定想来喝一口！

材料
Ingredients

圆白菜 CABBAGE —1片
土豆 POTATO —1/2个
火腿 HAM —2片
热水 BOILING WATER —适量
咖喱块 CURRY CUBE —1块

1

圆白菜切丁。

2

土豆不容易熟，可以用削皮刀将土豆削成薄片！

3

火腿切成丁。

4

将切好的材料放入焖烧罐里。

5

往焖烧罐里倒入沸水（100℃）至八分满。

6

盖起来，加热约2分钟。

 第一次加入的热水是为了给容器和材料预热。

7

2分钟到了，把里面的水倒掉。

8

加入切成小块的咖喱。

小贴士 如果放一整块咖喱不容易溶化，用什么咖喱块都可以，看自己喜欢的辣度！

9

放入焖烧罐里，再倒入沸水（100℃）至八分满。

10

盖起来摇一下，等待至少1小时就好了。

上班族
必学的
人气料量 ｜ 6 ｜ **快速简单鸿禧菇味噌汤**

Home Made Instant Stock Miso Soup

分量: **1**人份（300mL） ｜ 烹调时间: **1**小时 ｜ 难易度: ★ ｜ 便当入菜: Yes

做味噌汤是不是要先熬汤？平常很忙的上班族，早上应该没有那么多时间准备吧！其实用焖烧罐也可以熬出同样效果的高汤。重点是将熬汤用的海带与柴鱼片泡在高温的热水里，慢慢泡出风味。好处是，一般熬汤后的材料会丢掉，但用这种方法，可以让它们当做味噌汤的材料！放入什么都可以，只要放入容易熟的或已经烫过的食材，就可以享受独创的味噌汤！

材料
Ingredients

鸿禧菇 SHIMEJI MUSHROOMS —30g
热水 BOILING WATER —适量
干海带 DRIED KELP —3cm
柴鱼片 SHREDDED BONITO —5g
味噌 MISO —1大匙

1 将鸿禧菇的根切掉。

2 切成小块。

3 放入焖烧罐里，加入沸水，预热1分钟左右，把水倒掉。

4 将海带剪成小片。

5 放入焖烧罐里。

6 加入柴鱼片。

7 加入味噌。

8 倒入沸水，盖起来摇一下，让味噌溶化，等待至少1小时就可以享用了。

索 引

本书食材与相关料理一览表（不含蛋奶与调味料）

肉类

主食类

辛香料类

其他

图书在版编目（CIP）数据

一个人也能吃好：MASA的啰嗦叮咛 / （加）MASA著
. —— 北京：光明日报出版社, 2015.6
ISBN 978-7-5112-8317-7

Ⅰ. ①—… Ⅱ. ①M… Ⅲ. ①食谱 Ⅳ. ①TS972.12

中国版本图书馆CIP数据核字(2015)第090063号

著作权合同登记号：**图字01-2015-2247**

原书名：《MASA，你好！可以教我做菜吗？》
作者：山下胜MASA
本书中文简体版由日日幸福事业有限公司经光磊国际版权经纪有限公司授权
光明日报出版社在全球（不包括台湾、香港、澳门）独家出版、发行。

一个人也能吃好——MASA的啰嗦叮咛

著　　者：【加】MASA（山下胜）

责任编辑：李　娟　　　　　　策　　划：多采文化
责任校对：于晓艳　　　　　　装帧设计：水长流文化
责任印制：曹　净

出 版 方：光明日报出版社
地　　址：北京市东城区珠市口东大街5号，100062
电　　话：010-67022197（咨询）　　传　　真：010-67078227，67078255
网　　址：http://book.gmw.cn
E- m a i l：gmcbs@gmw.cn　lijuan@gmw.cn
法律顾问：北京德恒律师事务所龚柳方律师

发 行 方：新经典发行有限公司
电　　话：010-62026811　　E-mail：duocaiwenhua2014@163.com

印　　刷：北京艺堂印刷有限公司
本书如有破损、缺页、装订错误，请与本社联系调换

开　　本：710×960　1/16
字　　数：300千字　　　　　　印　　张：21
版　　次：2015年6月第1版　　印　　次：2015年6月第1次印刷
书　　号：ISBN 978-7-5112-8317-7

定　　价：59.80元

暖男MASA的爱意便当

★ 专为上班族策划，冷、热都好吃的便当

暖男MASA的幸福点心

★ 充满创新的甜点制作，充满幸福的点心时间